絶対に行きたい！　世界遺産 101

アフロ

中経の文庫

はじめに——ベストショットで楽しむ世界遺産一周の旅へ

２０１１年４月現在で、世界には９１１件の世界遺産が登録されています。世界遺産には３種類あるのをご存知ですか？

悠久の歴史深い遺跡や、建造物を残す「文化遺産」、生物や風景、自然の造形美を伝える「自然遺産」、その両方の価値をそなえた「複合遺産」。本書では、これら３つの遺産を代表する、選りすぐりの絶景１０１件をピックアップしました。

本書の風景写真は、私たちフォトエージェンシー・アフロが契約する、世界各国の専門カメラマンによるものです。現地のフォトエージェンシーや、風景専門カメラマン、世界遺産専門カメラマン、空撮専門カメラマンなど、国内外のさまざまなプロの手によって切りとられた、オリジナルのベストショットを集約しました。

現在、アフロがストックする写真は、世界遺産だけでも10万５０００点以上にのぼります。その中から、さらに風景専門のフォトコーディネーターが、本書にふさわしい写真を厳選しました。

今回は、1枚でよりわかりやすく、遺産の特徴をとらえたものを中心にセレクトしています。なかには、フランス・パリのセーヌ河岸のように、１０００点を超える写真の中から選んだものもあります。雄大かつ色彩の美しいものを優先し、何より「行ってみたい！」と思っていただけるような1冊にコーディネートしました。

各本文では、遺産の概要や見どころを紹介。欄外には、ちょっとした頭の体操となる「世界遺産クイズ！」や、遺産の長さや広さをイメージできる「身近なものと比べてみよう！」、知っておくと便利な「ココにも注目！」などのコーナーを加え、世界遺産をより身近に感じていただけるようになっています。

また、まだ知られていない世界遺産を知っていただくきっかけにもなれば幸いです。本書では、２０１０年登録の世界遺産21件のうち、11件を収録しました。

世界遺産は、毎年20〜30件の新たな物件が登録されています。なかには、マーシャル諸島共和国のビキニ環礁実験跡のように、悲劇を繰り返さないための「負の遺産」といわれる世界遺産も、保護への注目が高まってきているのです。

世界遺産は、その国や地域だけの遺産ではなく、〝人類共通の財産〟。国境を越えて守るべき、世界の宝物です。

この本を手にとったことで、世界遺産に興味をもってもらったり、国や歴史など、さまざまなことを知るきっかけになればうれしいです。ゆっくりページをめくりながら、ぜひ、世界遺産一周の旅をお楽しみください。

最後になりましたが、この本を作成するにあたって、調査、執筆を担当していただいた水野久美さんに心よりのお礼を申し上げます。

アフロ

サイズについて

「身近なものと比べてみよう！」

コーナーで基準にしたものの本書でのサイズ

〈高さ〉

キリン
5m

東京スカイツリー
634m

〈長さ〉

両手を広げた人
160cm

シロナガスクジラ
30m

瀬戸大橋
1万2300m

〈広さ〉

プロレスリング
41平方m

東京ドーム
4万6755平方m

東京 23 区
621平方km

本文デザイン：FROG KING STUDIO

目次

第1章　アジア

第2章 中東・アフリカ・オセアニア

第3章 ヨーロッパ

第4章 南北アメリカ

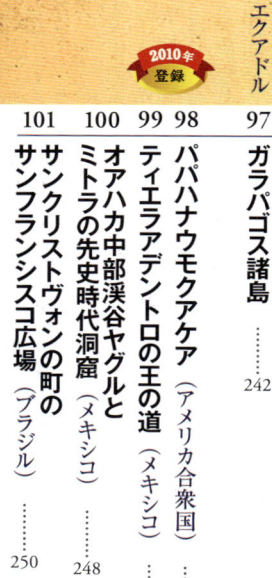

第1章

アジア

自然遺産　文化遺産　複合遺産

日本

1

屋久島《やくしま》

登録名　Yakushima

樹齢1000年を超えるご長寿杉の群生地

標高１０００メートル級の山々が連なることから、「洋上のアルプス」といわれる屋久島。そんな独特の地形に加え、「１ヶ月に35日雨が降る」と形容されるほど多雨な環境も、屋久杉の長寿の秘密だ。

屋久杉とは、樹齢１０００年以上の天然杉のみを呼ぶ。その数なんと２０００本以上とか。なかでも有名な縄文杉は、高さ25・３メートル、胸高周囲16・４メートル。樹齢７２００年という説もあるが、現在謎《なぞ》のままだ。

宮之浦岳8合目付近に堂々とそびえる縄文杉

身近なものと比べてみよう!

大人10人が手を広げると、縄文杉の太さに!

自然遺産　文化遺産　複合遺産

日本

2

知床《しれとこ》

登録名　Shiretoko

きっかけは流氷!?
知床の豊かな生態系

アイヌ語で「地の先」を意味する、北海道の知床。この自然遺産は、陸地だけでなく沿岸海域まで含まれることが特徴だ。

北緯44度に位置する知床は、地球上もっとも低い緯度で流氷が接岸する海域。春に流氷が溶けると、そこに含まれる豊富なプランクトンをエサに、壮大な食物連鎖が始まる。魚貝類からトドやアザラシ、ヒグマ、キタキツネまで……。海と陸をつなぐ連鎖が、知床の多様な生態系を保っている。

オホーツク海に面する知床沿岸の流氷

ココにも
注目！

天然記念物のシマフクロウやオジロワシなど、日本では知床でしか見られない絶滅危惧種が数多く生息している。

自然遺産 文化遺産 複合遺産

日本

3

白神山地《しらかみさんち》

登録名 Shirakami-Sanchi

約8000年前に誕生したブナの原生林！

青森県と秋田県にまたがる、広さ約1300平方キロの白神山地。手つかずのまま残る世界最大規模のブナの原生林として、その中心地170平方キロが世界遺産に登録されている。

現在の姿ができあがったのは、縄文時代前期（約8000年前！）とか。ブナ林は「森のダム」と呼ばれるほど水分と栄養の豊かな土壌を造り、約500種の植物や、特別天然記念物ニホンカモシカのほか、ツキノワグマ、絶滅危惧種クマゲラなども生息している。

白神山地内にある神秘的なブルーの名湖「青池」

世界遺産クイズ!

Q アメリカやヨーロッパに比べて、日本のブナが減少を免れたのはなぜ?

A 氷河に覆われることがなかったから

自然遺産　文化遺産　複合遺産

日本

4

姫路城《ひめじじょう》

登録名　Himeji-jo

日本城郭建築の〝粋〟を極めた最高傑作

現存する日本の城郭建築の最高傑作とされる、姫路城。起源は1333年、後の播磨守護《はりましゅご》の赤松則村《あかまつのりむら》が一時的な櫓《やぐら》として築いたことが始まりとか。

大天守は5層7階にわかれ、白漆喰《しろしっくい》と総塗籠《そうぬりごめ》の外壁に覆われた美しい姿から、別名「白鷺《しらさぎ》城」とも呼ばれている。さらに、実用的な内部構造も秀逸だ。らせん状に入り組んだ曲輪や、弓矢や鉄砲を撃つための挟間、石や熱湯を浴びせかける石落としなど、敵を迎え撃つ仕掛けがあちらこちらに残っている。

ココにも注目！

「播州《ばんしゅう》皿《さら》屋敷《やしき》」で有名な、お菊が身を投げ込まれた井戸や、千姫（徳川家康の孫）が住居とした西の丸も必見！

姫路城は、１９９３年に日本で初めて登録された世界遺産のひとつ

春は桜が美しく、「日本さくら名所１００選」にも選ばれている

標高46mほどの小高い丘陵、
姫山にそびえる姫路城

自然遺産　文化遺産　複合遺産

日本

5

紀伊山地《きいさんち》の霊場と参詣道

登録名　Sacred Sites and Pilgrimage Routes in the Kii Mountain Range

10世紀にわたる日本の宗教文化を伝える景観

和歌山県を中心に広がる紀伊山地には、平安時代から信仰の集まる霊場が点在。そのうち、吉野《よしの》・大峯《おおみね》、熊野三山《くまのさんざん》、高野山《こうやさん》の3つの霊場と、それらを結ぶ参詣道《さんけいみち》が世界遺産に登録されている。

神道と仏教が融合する世界屈指の霊場文化は、1000年以上も引き継がれてきた。133メートルの落差を誇る那智大滝《なちのおおたき》など、聖地として崇拝された自然が数多く残り、自然環境と一体となった〝文化的景観〟が特徴だ。

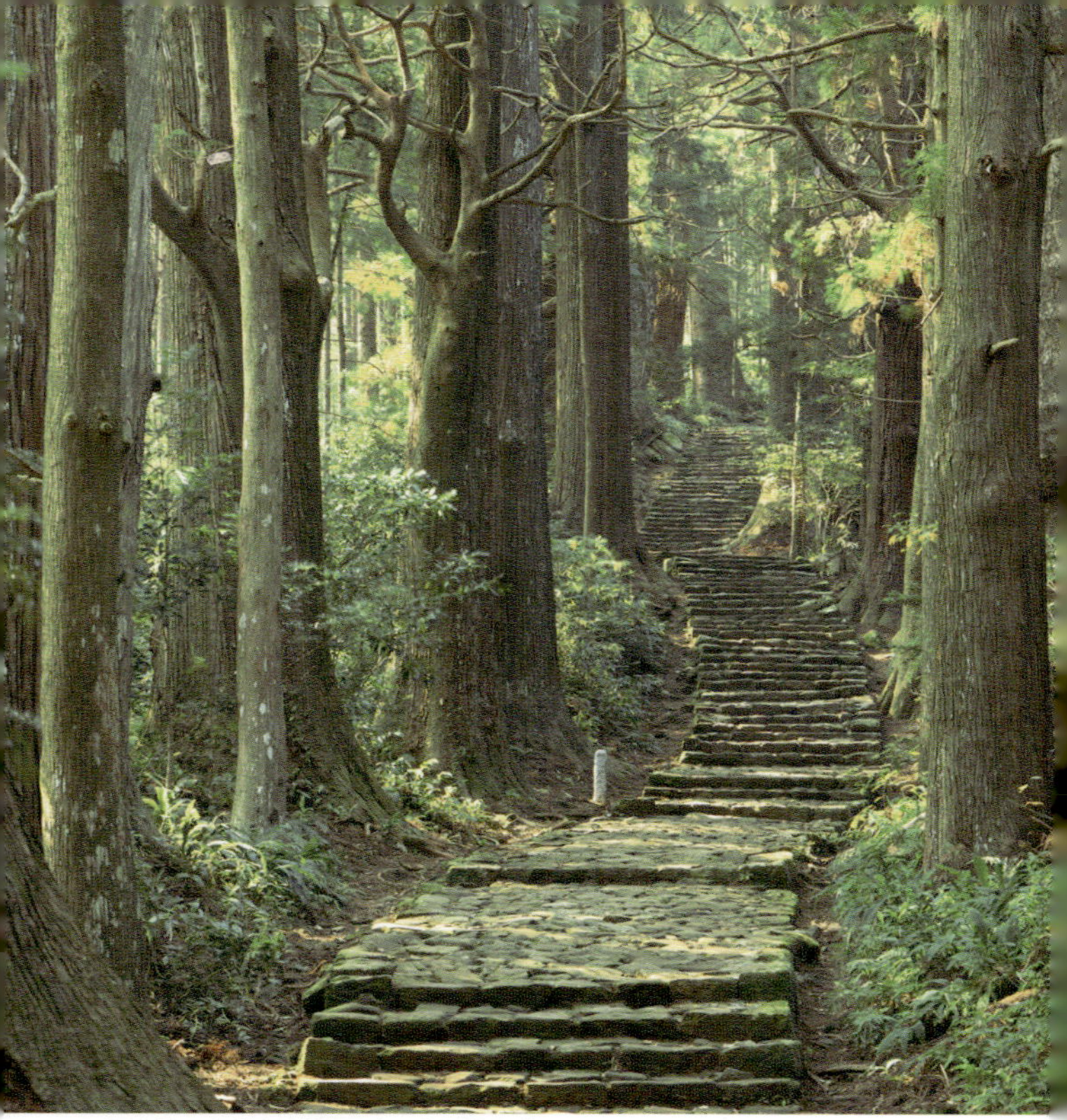

原生林が多く残る熊野三山・熊野参詣道

世界遺産クイズ！

Q ９世紀初め、高野山に真言宗を伝えたのは誰？

A 空海

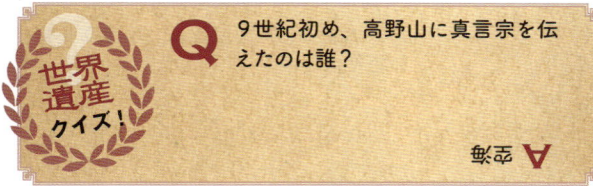

自然遺産　文化遺産　複合遺産

中華人民共和国

6 万里の長城《ばんりのちょうじょう》

登録名 The Great Wall

総延長8800キロ！世界一長い世界遺産

万里の長城は、紀元前7世紀に建造が始められた、総延長距離8851・8キロの城壁。「月から見える唯一の建造物」とも形容されている。

春秋戦国時代に、中国各地に群雄割拠していた国々が個別に建造。北方民族の侵入を防ぐためだった。紀元前221年に中国統一を果たした秦の始皇帝によってつなぎ合わされ、約30万人の兵士や数百万の農民、奴隷《どれい》が動員された。増改築は繰り返され、現存する長城の大部分は17世紀の明代に築かれたもの。

身近なものと比べてみよう!

瀬戸大橋を720回渡ると、万里の長城の距離に匹敵！

×720

雄大な景色が望める万里の長城。
高さは平均8メートル、幅平均4・5メートル

八達嶺《はったつれい》長城の女坂は比較的登りやすい

自然遺産　文化遺産　複合遺産

中華人民共和国

7

九寨溝《きゅうさいこう》の渓谷の景観と歴史地域

登録名　Jiuzhaigou Valley Scenic and Historic Interest Area

青く透き通った神秘の湖沼が100以上！

四川省北部にある九寨溝《きゅうさいこう》は、カルスト台地が浸食されてできた3つの渓谷からなる景勝地だ。そこには、紺碧《こんぺき》に澄んだ100以上の湖沼や滝が点在する。

石灰岩の成分を多く含む湖水は見事な透明度を誇り、日光を浴びると青やオレンジに反射して幻想的な景観を生み出している。なかでも「五花海《ごかかい》」や「五彩池《ごさいち》」の神秘的な美しさは必見！　自然豊かなこの一帯には、ジャイアントパンダやレッサーパンダなども生息している。

世界遺産クイズ！

Q　石灰岩を含む同じカルスト地形で、九寨溝に似た景勝地といわれるクロアチアの世界遺産は？

A　プリトヴィツェ湖群国立公園

倒木が見えるほど美しく澄みきった五花海

自然遺産　文化遺産　複合遺産

中華人民共和国

8

黄山《こうざん》

登録名　Mount Huangshan

“水墨画”を思わせる雲海と奇峰の幽玄世界

長江下流の安徽《あんき》省南部にある黄山《こうざん》は、1000メートルを越える断崖絶壁《だんがいぜっぺき》の峰が72も連なった景勝地。谷が深く雨も多いため、1年の半分以上は霧と雲海に包まれている。その景観は、李白や杜甫など多くの文人墨客に愛されてきた。雲海のほか、奇松、怪石、温泉があり、「黄山四絶《こうざんよんぜつ》」として中国十大風景名勝のひとつにもなっている。黄山には四万段の急な石段があり、山中で1、2泊しながら頂上を目指すほか、ロープウェーで登ることも可能だ。

霧と雲海に包まれる幻想的な黄山の奇峰群

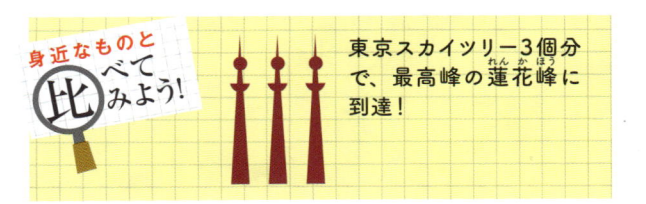

身近なものと比べてみよう!

東京スカイツリー3個分で、最高峰の蓮花峰《れんかほう》に到達!

自然遺産 文化遺産 複合遺産

中華人民共和国

9

北京と瀋陽の明・清朝の皇宮群

登録名 Imperial Palaces of the Ming and Qing Dynasties in Beijing and Shenyang

歴代皇帝が居住した世界最大の宮殿建築

故宮（紫禁城《しきんじょう》）は、明～清代の約５００年にわたり、24人の歴代皇帝が居住した宮殿だ。約20万人の労働力と15年の歳月を費やして、１４２０年に完成。総面積なんと72万平方メートル、現存する世界最大の宮殿建築でもある。高さ10メートルの壁と幅52メートルの壕に巡らされた敷地内には、世界最大の木造建築物である太和殿をはじめ、約７０００の殿閣と、９０００の部屋が残っている。映画『ラストエンペラー』の舞台としても有名だ。

無数に連なる故宮の瑠《る》璃《り》瓦《がわら》屋根が壮観

身近なものと比べてみよう!

宮殿の総面積は、東京ドームなんと約15個分！

 ×15

自然遺産 文化遺産 複合遺産

中華人民共和国

10

ラサのポタラ宮歴史地区

登録名 Historic Ensemble of the Potala Palace, Lhasa

ダライ・ラマが築いたチベット仏教の総本山

標高3650メートルに位置するラサは、僧院や宮殿が点在するチベット仏教の聖地だ。ポタラ宮は、17世紀にチベットを統一したダライ・ラマ5世によって築かれ、300年にわたって歴代のダライ・ラマが居住。増改築の末に外観13階、1000部屋を有する巨大な城塞式宮殿となった。

歴代ダライ・ラマのミイラが安置されるほか、壁画や仏像、経典などを展示。巡礼者たちが全身で祈りを捧《ささ》げる「五体投地」の姿なども見られる。

東西360m、南北300m、高さ115mを誇るポタラ宮

ココにも
注目！

ダライ・ラマ5世の霊塔は必見。高さ15m、重さ5tの黄金やダイヤなど、1500もの宝石が豪華に輝く！

自然遺産　文化遺産　複合遺産

カンボジア

11

アンコール

登録名　Angkor

精緻なレリーフに目を奪われる巨大遺跡群！

アンコールは、9世紀から600年にわたって栄えた、アンコール朝の巨大都市遺跡群だ。ヒンドゥー教寺院で有名なアンコール・ワットは、3つの回廊が「陸」を、5つの巨塔が「山」を、周囲の水壕が「海」を表現。壁や天井、回廊などには、見事なまでの精巧緻密《ちみつ》な浮き彫りが施されている。

ほかにも、周囲12キロの壕に囲まれた都城跡アンコール・トムや、巨大なガジュマルの木の根が遺跡に絡みついたタ・プロムなど、見どころが多数。

身近なものと比べてみよう！

アンコール遺跡群の広さは、東京23区に相当！

朝日を背に浮かび上がるアンコール・ワットのシルエットが美しい

建造中に王が他界し、未完成のまま残る寺院遺跡「タ・ケウ」

約30年もの歳月をかけて建造されたというアンコール・ワット

自然遺産　文化遺産　複合遺産

ベトナム

12

ハロン湾

登録名　Ha Long Bay

翡翠色の海面に浮かぶ奇異な島々の幻想世界

ベトナムの首都ハノイから、東へ約50キロの中国国境付近に位置するハロン湾。広さ１５５３平方キロの湾に大小約３０００もの尖《とが》った島々が浮かび、海から突き出す奇岩や無数の島影が幻想的な景観をつくり出している。

これらは、もともと石灰岩台地だった場所が海に沈み、長い年月をかけて風や海流に浸食され、形成されたもの。船着き場には多くの観光船が停泊しており、ハロン湾巡りやライトアップされた鍾乳洞《しょうにゅうどう》探検も楽しめる。

天候や時間でさまざまな表情を見せるハロン湾

世界遺産クイズ!

Q 雲や霧の多い日は水墨画のような光景のハロン湾。中国のある場所に似ていることから、別名何と呼ばれる?

A 海の桂林

自然遺産　文化遺産　複合遺産

13　タイ

古都アユタヤ

登録名 Historic City of Ayutthaya

４００年の栄華と陥落の面影を残す王朝跡

タイの首都バンコクから北へ約70キロ、３つの河川に囲まれる古都アユタヤ。14世紀半ばから、アユタヤ王国の王都として約４００年にわたる繁栄が続き、町には数多くの宮殿や寺院、仏像などが築かれた。

しかし、18世紀にビルマ軍の総攻撃を受け、その多くが壊滅的な被害に。崩れたレンガ積みの仏塔や、首をたたき落とされた仏像も多数。静かな田園風景のなかで、往時の栄華と破壊の生々しい傷痕《きずあと》が残されている。

ワット・マハータートの、木の根に絡まる仏頭

ココにも
注目！

ワット・プラシー・サンペットのライトアップや、ワット・ロカヤスタの全長28m の涅《ね》槃《はん》物《ぶつ》は必見。

自然遺産　文化遺産　複合遺産

14 インド

タージ・マハル

登録名　Taj Mahal

愛妃に捧げた総大理石の“世界一美しい墓”

古都アーグラーにあるタージ・マハルは、ムガル帝国5代皇帝シャー・ジャハーンが、最愛の妻ムムターズ・マハルの37歳という若い死を悼《いた》んで建てた霊廟《れいびょう》だ。建設には世界各国から2万人の職人が集められ、費やされた歳月は22年！

総面積17万平方メートルの広大な敷地に、ペルシア式の幾何学庭園と左右対称の総大理石造り。浮き彫きや透かし彫りなどが施され、細部まで美しく精巧だ。地下には王妃と並んで皇帝の棺《ひつぎ》も安置されている。

世界遺産クイズ！

Q タージ・マハルの建設には、膨大な国家財政が費やされたという。現在のお金で一体どのくらい？

A 約20兆円

イスラム建築の最高傑作と
いわれるタージ・マハル

自然遺産　文化遺産　複合遺産

15 インド

アジャンター石窟群

登録名 Ajanta Caves

アジア仏教美術の源流をたどる断崖の石窟群

アジャンターの石窟群《せっくつぐん》は、全長約600メートル、大小30の石窟からなる古代インドの仏教石窟寺院だ。紀元前2世紀〜7世紀に断崖《だんがい》の岩を掘り抜いて造られ、ブッダの生涯を描いた仏殿図などインド最古の仏教壁画が残されている。仏教の衰退とともに1000年以上忘れ去られていたが、19世紀初頭にトラ狩りをしていたイギリス人士官が、巨大なトラに襲われて逃げ込んだ際に偶然発見。深い密林に埋もれていたことで、色鮮やかな壁画が保たれた。

断崖の岩肌に掘られた仏教石窟寺院

ココにも
注目！

法隆寺の壁画にも影響を与えた蓮《れん》華《げ》手《しゅ》菩《ぼ》薩《さつ》像や、長さ7.2m のインド最大の釈《しゃ》迦《か》涅《ね》槃《はん》像《ぞう》は要チェック。

自然遺産　文化遺産　複合遺産

16 インド

エローラ石窟群

登録名 Ellora Caves

壮麗な彫刻美！3宗教が混在する石窟寺院

インド中西部に位置するエローラ石窟群は、大小34の石窟寺院が全長約2キロにわたって立ち並ぶ。とくに大規模なカイラーサ寺院は、一枚岩から掘り出された奥行き85メートル、高さ32メートルもの巨大かつ精緻な彫刻に圧倒される。

また、6～8世紀の仏教窟、7～9世紀のヒンドゥー教窟、8～9世紀のジャイナ教窟と、3つの宗教が共存することも特徴的だ。古代インドの〝寛容の精神〟を表す聖地とされ、今も多くの巡礼者が訪れている。

世界遺産クイズ！

Q インド三大石窟といえば、アジャンター石窟群、エローラ石窟群、もうひとつ（世界遺産）は？

A エレファンタ石窟群

エローラ石窟群最大
のカイラーサ寺院

自然遺産　文化遺産　複合遺産

ネパール

17

サガルマータ国立公園

登録名 Sagarmatha National Park

エヴェレストを含む世界一標高の高い世界遺産

サガルマータとは、エヴェレストのネパール名（チベット名でチョモランマ）をいう。世界最高峰８８４８㍍のサガルマータを中心に、周囲に連なる８０００㍍級のヒマラヤ５座が、世界遺産に登録されている。

園内には、高山植物や絶滅危惧種のユキヒョウ、ジャコウジカなども棲息。標高３５００㍍付近は、登山隊のポーターとして活躍するシェルパ族の生活圏であり、ゴンパというチベット仏教の僧院や集落などが点在する。

サガルマータを望むシェルパ族の村と仏塔

身近なものと比べてみよう!

エヴェレストの高さは、東京スカイツリー約14個分！

×14

自然遺産　文化遺産　複合遺産

インドネシア

18

ボロブドゥル寺院遺跡群

登録名 Borobudur Temple Compounds

1000年間も密林に埋もれていた仏教寺院

ジャワ島中部にあるボロブドゥル寺院遺跡群は、一辺約１２０メートル、高さ３３・５メートルの世界最大の仏教遺跡。８〜９世紀に建造され、密林に埋もれて19世紀初頭に発見された。

９層のピラミッドのような階段状の造りだが、内部空間をもたないのが特徴だ。総延長５キロに及ぶ回廊には、仏教思想を表す１４６０面のレリーフや、石仏が納められる72基の鐘型のストゥーパ（仏塔）があり、上階へ上がることで仏教心理に到達するといわれる。

72基のトゥーパすべてに石仏が納められている

身近なものと比べてみよう!

寺院の面積は、プロレスリング約366個分の広さ！

 ×366

自然遺産 文化遺産 複合遺産

インドネシア

19

プランバナン寺院遺跡群

登録名 Prambanan Temple Compounds

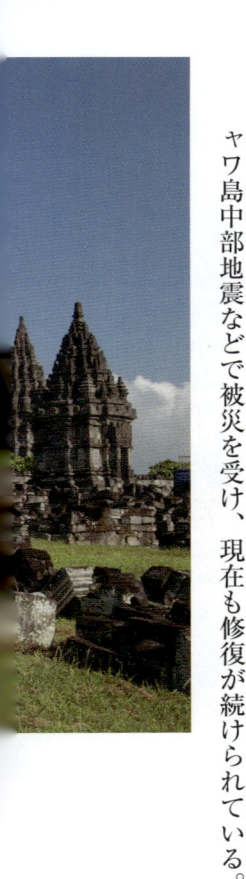

インドネシア最大級のヒンドゥー教遺跡

ジョグジャカルタ近郊にあるプランバナン寺院群は、9~10世紀に建てられたインドネシア最大級のヒンドゥー教寺院群。なかでも代表的なロロ・ジョングラン寺院は、周囲を壁に囲まれた境内に6つの堂が並ぶ。中心のシヴァ堂は、高さ47メートル。左右のヴィシュヌ堂、ブラフマ堂は23メートル。それぞれ石で造られたヒンドゥー教の神が祀《まつ》られている。2006年のジャワ島中部地震などで被災を受け、現在も修復が続けられている。

プランバナン史跡公園の正面に建つ、ロロ・ジョングラン寺院

ココにも
注目！

シヴァ堂の外壁には、古代インドの叙事詩「ラーマーヤナ」が描かれる。42面の繊細なレリーフは見事！

自然遺産　文化遺産　複合遺産

マレーシア

20

グヌン・ムル国立公園

登録名　Gunung Mulu National Park

世界最古のジャングルに潜む巨大洞窟群！

ボルネオ島北部に位置するグヌン・ムル国立公園は、標高２３７６メートルのムル山を中心とした、広さ５２８平方キロを誇る自然公園。ムル山は５００万年前に誕生し、世界最古といわれる熱帯雨林のジャングルが広がっている。地下には、スコールによる大地の浸食でできた鍾乳洞や巨大洞窟群が。とくに、洞窟ディア・ケイブは入り口の高さ１２０メートル、奥行き８００メートル。夕刻になると、約３００万羽のコウモリが洞窟から飛び立つ光景が圧巻だ。

手つかずの熱帯雨林が広がるグヌン・ムル国立公園

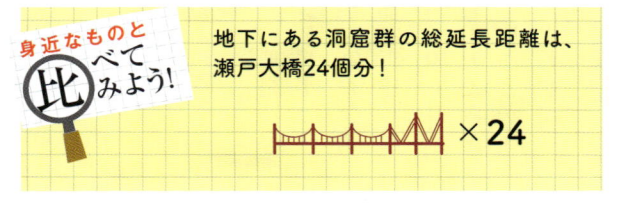

身近なものと比べてみよう!

地下にある洞窟群の総延長距離は、
瀬戸大橋24個分!

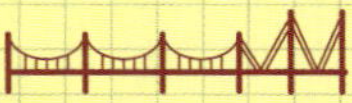

×24

自然遺産　文化遺産　複合遺産

ウズベキスタン

21

サマルカンド - 文化交差路

登録名 Samarkand-Crossroads of Cultures

東西文化の交差から紡《つむ》ぎ出された〝青の都〟

古来より、シルクロードの要衝として栄えたサマルカンド。13世紀にモンゴル軍の攻撃で崩壊したものの、14世紀に大帝国を一代で築き上げた英雄、ティムールによって再び栄えた。戦争の際に、東西各地から優秀な職人や芸術家たちを連れ帰り、文化や技術を融合させて美しい都を再建した。とくにレギスタン広場は、当時のサマルカンドにおける政治・文化の中心地。鮮やかな青のドームが際立つモスクや、精緻なタイルで覆われた廟や神学校などが荘厳に立ち並ぶ。

レギスタン広場のシェルドル・メドレセ（神学校）

ココにも
注目！

“サマルカンド・ブルー”と呼ばれる鮮やかな青いタイルは、中国の陶磁器とペルシアの顔料から誕生！

自然遺産　文化遺産　複合遺産

ウズベキスタン

22

ブハラ歴史地区

登録名 Historic Centre of Bukhara

中央アジア最古のイスラム建築が残る要衝地

シルクロードの重要な交易都市として、２５００年も続く古都ブハラ。旧市街にはモスクやメドレセ（神学校）、日干しレンガの建物が立ち並び、アルク城（現歴史博物館）の上から趣深い街並みを一望できる。

ブハラ最古という９００年建造のイスマイル・サマニ廟や、１万人を収容できる広さ１万平方メートルのカラーン・モスク、商隊の道しるべにもなった高さ46メートルのカラーン・ミナレット（光塔）など、美しいイスラム建築の粋がうかがえる。

カラーン・ミナレット（右奥）などが建つブハラ旧市街

身近なものと比べてみよう!

カラーン・ミナレットの高さは、キリン約９頭分！

自然遺産 文化遺産 複合遺産

イラン

23

イスファハンのイマーム広場

登録名 Meidan Emam, Esfahan

〝世界の半分がある〟と称された壮麗な広場

イスファハンは、イランの砂漠に囲まれるオアシス都市。イマーム広場は、17世紀にサファヴィー朝のシャー・アッバース1世が大規模な都市計画により建造した、南北512メートル、東西159メートルの広大な広場だ。

青を基調としたアラベスク模様のタイルが美しい大寺院イマーム・モスクをはじめ、宮殿や王族専用の礼拝堂などが四方を囲み、〝ここには世界の半分がある〟とも称された。現在はバザールのメッカとしても賑わう。

ライトアップが美しい噴水越しのイマーム・モスク

身近なものと比べてみよう!

広場の面積は、プロレスリング約1951個分！

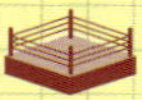 ×1951

自然遺産 文化遺産 複合遺産

24 イラン

ペルセポリス

登録名 Persepolis

古代オリエントを統一した大帝国の王宮群！

紀元前6～4世紀に、アケメネス朝ペルシア帝国の都として栄えたペルセポリス。ダレイオス1世が建設した広さ455×300メートルの巨大な宮殿群であり、紀元前331年にアレクサンドロス大王の攻撃によって破壊、廃墟となった。

代表的な遺構は、宮殿アパダナ（謁見の間）。かつては巨大な列柱が72本立っていたが、現在そのうち13本が残っている。東階段に刻まれた属国の使節団を描く緻密《ちみつ》なレリーフは、比較的保存状態がよく芸術的価値も高い。

高台から望むペルセポリス全景

身近なものと比べてみよう!

遺跡全体の広さは、東京ドーム3個分に匹敵！

自然遺産　文化遺産　複合遺産

パキスタン

25

モヘンジョダロの遺跡群

登録名 Archaeological Ruins at Moenjodaro

インダス文明最大！ 5000年前の都市遺跡

パキスタン南部のモヘンジョダロ遺跡群は、インダス川流域で紀元前3000年頃に誕生したインダス文明における、最大・最古の都市遺跡だ。発見は1921年。地表に出ていた仏塔を発掘する際、仏教期以前の計画都市の遺跡が見つかった。

3500〜4500年前もの遺跡には、焼き煉瓦で敷き詰められた直線道路が残る。張り巡らされた下水道や排水溝、井戸、穀物倉庫、浴室などが整然と並び、豊かな水を巧みに利用していた様子が垣間見える。

世界遺産クイズ！

Q 世界四大文明といえば、インダス文明、エジプト文明、メソポタミア文明、もうひとつは？

A 黄河文明

水利システムが整備される
モヘンジョダロ遺跡

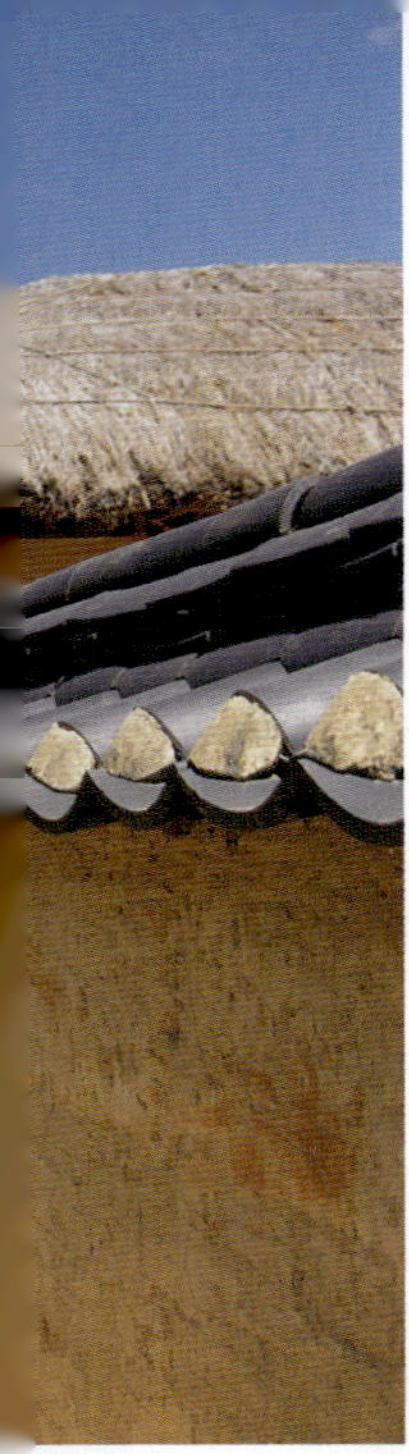

自然遺産　文化遺産　複合遺産

大韓民国

26

韓国の歴史的集落群：河回《ハフェ》と良洞《ヤンドン》

登録名 Historic Villages of Korea : Hahoe and Yangdong

儒教文化の家並みが残る、韓国の代表的な氏族集落

韓国の南東部にある、安東《アンドン》市の河回村《ハフェアウル》と、慶州《キョンジュ》市の良洞村《ヤンドンアウル》。河川と開けた農耕地に面するこの2つの村は、14〜15世紀にかけて形成された、韓国を代表する歴史的氏族集落だ。李朝時代の伝統文化や家並みがそのまま残り、儒教の礼法に基づいた家屋構造をいまに伝えている。

ここには氏族長の邸宅や、一族の立派な木造家屋、書院、郷校、土壁の平屋住宅、庶民の茅葺《かやぶ》き屋根の家などが残り、現在も人々が生活している。

集落には、伝統的な両班《ヤンバン》（貴族）家屋や、茅葺き屋根の家などが点在

ココにも
注目！

村全体が重要民俗資料として大切に保存されており、観光地のような土産物屋や飲食店などが少ない。

自然遺産　文化遺産　複合遺産

27 インド

ジャイプールにあるジャンタール・マンタール

登録名 The Jantar Mantar, Jaipur

巨大で精巧。革新的な観測機器が集まる天文施設

インド北部のジャイプールにあるジャンタール・マンタールは、18世紀初頭に建てられた天文観測所。太陽や月、星などの運行を計測できる、ユニークな形をした天体観測器が、主要な20台を中心に並んでいる。

敷地内で最も大きな日時計「サムラート・ヤントラ」は、2秒刻みで時間を計測できる精巧な観測器。どれも裸眼で天体の位置を確認できるように緻密に設計されており、当時の高度な天文知識や建築技術がうかがえる。

日時計の役割をもつ、高さ約27m の観測儀「サムラート・ヤントラ」

身近なものと
比べてみよう!

サムラート・ヤントラの頂点の高さは、
キリン5頭分!

第2章

中東・アフリカ・オセアニア

自然遺産　文化遺産　複合遺産

トルコ

28

ギョレメ国立公園とカッパドキアの岩窟群

登録名 Göreme National Park and the Rock Sites of Cappadocia

キノコのような奇岩群と巨大な地下都市！

トルコ中部のカッパドキア地方には、キノコのような奇岩が無数に連なる不思議な光景が広がっている。これは火山の噴火によって溶岩と火山灰が堆積し、長年の風雨に浸食されて硬い部分だけが残ったものだ。

4世紀前後にはローマ帝国の迫害から逃れたキリスト教徒が、この地の岩山を掘り抜いて身を守った。地下8階にまで及ぶ巨大な地下都市があるほか、中心地のギョレメ渓谷には、洞窟教会や洞窟修道院が30以上残る。

凝灰岩が浸食されてできた、カッパドキアの奇岩地帯

ココにも
注目！

洞窟教会には、日光による劣化を免れた鮮やかなビザンチン様式のフレスコ画なども多数残されている。

自然遺産 文化遺産 複合遺産

29 トルコ

イスタンブール歴史地域

登録名 Historic Areas of Istanbul

2大陸&2大宗教にまたがる歴史的建造物群！

アジアとヨーロッパ大陸にまたがる、トルコ北西部のイスタンブール。紀元前から東西交易の拠点として栄え、ローマ帝国、ビザンツ帝国、オスマン帝国の首都が置かれていた深い歴史と、数多くの建造物群が残されている。360年建造のアヤ・ソフィアは、キリスト教の大聖堂からモスクに改築されたビザンチン建築の傑作。スルタンアフメット・ジャミイ（ブルーモスク）や、オスマン帝国歴代スルタンが居住した美しいトプカプ宮殿も必見。

6本のミナレット（バルコニーのある高塔）が立つ、スルタンアフメット・ジャミイ

ココにも注目！

小さな店が4000軒以上も並ぶグランドバザールは、オスマン時代から続く中近東最大の屋内市場！

自然遺産　文化遺産　複合遺産

30 トルコ

ヒエラポリス-パムッカレ

登録名 Hierapolis-Pamukkale

温泉水と石灰棚が織り成す神秘の〝綿の城〟

トルコ西部に位置するパムッカレは、トルコ語で「綿の城」の意味。綿花の生産地として知られ、ローマ時代から温泉地としても賑わってきた。

丘状の台地では、ややブルーがかった温泉水をたたえる純白の棚田風景が壮観だ。地中から沸き出た温泉に含まれる石灰分が沈殿し、長年の浸食作用で高さ２００メートルにも及ぶ石灰棚が生み出された。この石灰棚を望む丘の上には、古代のローマ劇場や浴場などが残る、ヒエラポリス遺跡もある。

純白の雪が積もったような、パムッカレの石灰棚

ココにも 注目！

現在は遺跡保護のため、一部のみ一般開放している。水着を持参すれば、靴を脱いで“入浴”をすることも。

自然遺産　文化遺産　複合遺産

ヨルダン

31

ペトラ

登録名　Petra

断崖絶壁を抜けると視界に飛び込む“バラ色の都”

ヨルダン中南部の岩山に囲まれるペトラは、紀元前2世紀に遊牧民族のナバテア人が築いた古代都市。遺跡までは、高さ１００メートルもの岩山を裂いた、断崖絶壁の狭い回廊を約１・５キロ歩く。

突然視界が開け、現れるのはエル・カズネ（王の宝物殿）だ。岩肌を掘り抜いた巨大神殿は、高さ30メートル、奥行き25メートル。陽光を浴びて放つバラ色の輝きが美しい。さらに、標高１０００メートルの山頂では、ペトラ遺跡最大の建造物、エド・ディルが迎える。

世界遺産クイズ！

Q あるアクション映画の舞台にもなっているペトラ遺跡。ハリソンフォード主演のその映画のタイトルとは？

A 『インディ・ジョーンズ 最後の聖戦』

「シク」という絶壁の道を約30分歩くと現れる、エル・カズネ

広大な遺跡内は、馬やロバでの移動も可能

2000年以上前に造られた、高さ
30m の荘厳なエル・カズネ

自然遺産　文化遺産　複合遺産

ヨルダンによる申請

32

エルサレムの旧市街とその城壁群

登録名 Old City of Jerusalem and its Walls (Site proposed by Jordan)

3宗教の聖地が集合する世界唯一の都市

標高800メートルの小高い丘に位置するエルサレム。旧市街は1キロ四方の城壁に囲まれており、ユダヤ、キリスト、イスラムの3宗教の聖地がある。

ユダヤ教は、エルサレム神殿の高さ20メートルに及ぶ外壁が残る「嘆きの壁」。

キリスト教は、イエス・キリストが処刑されたゴルゴタの丘に建つ「聖墳墓教会」。イスラム教は、創始者ムハンマドが昇天した場所に建つ、金色に輝くドームが美しい「岩のドーム」。宗教的建造物が多く、夜のライトアップも幻想的だ。

ユダヤ教の聖地「嘆きの壁」とイスラム教の聖地「岩のドーム」

世界遺産クイズ!

Q パレスチナ問題や観光被害などにより、この遺産は1982年から何のリストに登録されている?

A 危機遺産

自然遺産　文化遺産　複合遺産

33 シリア

パルミラの遺跡

登録名 Site of Palmyra

“世界一美しい廃墟”となった広大な砂漠のオアシス

シリア中部の、広大なシリア砂漠にあるオアシス都市、パルミラ。シルクロードの隊商都市として、紀元前1世紀～3世紀の約400年間繁栄が続いた。

約12平方キロの広さを誇るパルミラ遺跡群では、全長約1・3キロに及ぶ列柱道路や、パルミラの主神を祀るベル神殿をはじめ、円形劇場、交易所、住居跡などが残されている。小高い山の上には、15世紀に築かれたアラブ城砦が建ち、世界で最も美しい廃墟ともいわれるパルミラの全景を一望できる。

世界遺産クイズ！

Q 中東の三大遺跡といえば、パルミラ、ペトラ、もうひとつは？
※ヒント：レバノンの世界遺産

A バールベック

保存状態が比較的よいバールシャミン神殿

アラブ城から望むパルミラ遺跡。東京ドーム257個分にもなる広さ

高さ約10mの円柱が立ち並ぶ、
パルミラ遺跡の列柱道路

自然遺産 文化遺産 複合遺産

34 イエメン

サナア旧市街

登録名 Old City of Sana'a

漆喰の装飾が美しい世界最古の摩天楼都市！

標高２３００メートルの高地に位置する、イエメンの首都サナア。紀元前10世紀から続く世界最古の都市のひとつでもある。

旧市街の玄関にあたるのは、バーバルヤンマン（イエメン門）。門をくぐると、７世紀にムハンマドが建設した大モスクをはじめ、１００以上のモスクや64のミナレット、迷路のように入り組んだスーク（市場）などが残る。６０００棟も密集する日干しレンガを積み上げた高層住宅は、11世紀以前に建てられたもの。

巨石を積み上げげた門「バーバルヤンマン」と旧市街

ココにも注目！

小さな店が軒を連ねるスークは探検気分で。食料品や香辛料、衣服、銀製品など、商品別に40区域も！

自然遺産　文化遺産　複合遺産

35 エジプト

メンフィスとその墓地遺跡
―ギーザからダハシュールまでのピラミッド地帯

登録名 Memphis and its Necropolis-the Pyramid Fields from Giza to Dahshur

世界七不思議のひとつ、謎多き巨大ピラミッド群

カイロ近郊のナイル川西岸にある、古代文明の発祥地メンフィス。周辺には80基以上のピラミッドが点在し、なかでもギザの三大ピラミッド（クフ王、カフラー王、メンカウラー王）が代表的だ。

紀元前26世紀に、約20年かけて建造されたというクフ王のピラミッドは、一辺２３０メートル、完成時の高さ１４６メートル（現在１３８メートル）と最大。重さ約２・５トンの石材が２７０万個以上積み上げられ、王の墳墓という説や、農閑期の公共事業という説もある。

ココにも注目！

ピラミッドの守護神スフィンクスは、全長約73m、高さ20mあり、一枚岩の彫刻としては世界最大規模！

権力の象徴を表すライオンの姿をした、ギザの大スフィンクス

クフ王のピラミッドは、1日300人限定で内部見学もできる

4500年以上も前に造られたという、
ギザの三大ピラミッド

自然遺産　文化遺産　複合遺産

エジプト

36

アブ・シンベルからフィラエまでのヌビア遺跡群

登録名 Nubian Monuments from Abu Simbel to Philae

世界遺産誕生のルーツとなった古代遺跡群！

エジプト最南端、ナイル川上流に点在するヌビア遺跡群。なかでも代表的な遺跡は、紀元前13世紀頃に岩山を掘削して造られたアブ・シンベル神殿だ。高さ33メートル、幅38メートル。太陽神ラーを祀り、正面には第19王朝ラムセス2世の、高さ20メートルの座像が4体彫られている。

1954年、アスワンハイダム建設のため水没の危機に陥ったが、ユネスコによる国際的な救助活動で、64メートル高台にある現在の場所に移築。これが世界遺産創設のきっかけとなった。

ラムセス2世の巨像が圧巻のアブ・シンベル神殿

ココにも
注目！

移築の際、一枚岩のアブ・シンベル神殿は1万6000個のブロック状に分割解体され、見事な復元が成功した。

自然遺産　文化遺産　複合遺産

エジプト

37

古代都市テーベとその墓地遺跡

登録名 Ancient Thebes with its Necropolis

新王国時代の〝生者の都〟〝死者の都〟

エジプトのナイル川中流域に位置するテーベ（現ルクソール）は、紀元前21世紀頃からエジプトの首都として栄えた古代都市。アメン神を祀るカルナック神殿は、ラムセス２世が建てた１３４本もの巨柱が林立する、エジプト最大の神殿遺跡だ。

〝生者の都〟とされるナイル川東岸には、神殿群。〝死者の都〟といわれる西岸には、ツタンカーメン王のミイラが発掘された墓地群や、女性唯一のファラオともいわれる、ハトシェプスト女王の葬祭殿などがある。

参道両脇にスフィンクスが並ぶカルナック神殿

身近なものと比べてみよう!

カルナック神殿の敷地面積は、東京ドーム約6個分！

 ×6

自然遺産　文化遺産　複合遺産

モロッコ

38

フェス旧市街

登録名　Medina of Fez

まるで巨大迷路!?
世界一複雑な迷宮都市

フェスは、8~9世紀に栄えたモロッコ最古の王都。旧市街地（メディナ）は、迷路のように入り組んだ狭い路地が特徴だ。この複雑な路地を造った目的は、敵の侵入を防ぐためだといわれている。

中世から変わらないスーク（市場）が並び、車が通ることができないため、ロバや馬、手押し車が行き来する。中心地には、北アフリカ最大のカラウィーン・モスクや、世界最古の学校といわれるカラウィーン大学など、見どころも多い。

狭い路地が入り組む迷路のようなフェス旧市街

ココにも注目！

皮製品が有名なフェス。タンネリ（革なめし工房）の職人地区で、伝統の皮なめしや染色工程が見られる。

自然遺産　文化遺産　複合遺産

タンザニア

39

セレンゲティ国立公園

登録名　Serengeti National Park

地球上でもっとも多くの哺乳類が暮らす場所

タンザニア北部に位置するセレンゲティ国立公園は、キリマンジャロの裾野に広がる大サバンナ地帯。マサイ語で「果てしない草原」を意味し、ライオンやキリン、アフリカゾウなど、約300万頭もの野生動物が棲息している。

雨季が終わる6月頃には、100万頭を越えるヌーの群れが水と草原を求めて、1500キロを大移動する光景が圧巻。雨季が始まる10月頃には再び戻るが、この移動をライオンやヒョウ、チーターなどの肉食動物が狙っている。

標高1600m の高地に広がるセレンゲティ国立公園

身近なものと比べてみよう!

国立公園の広さは、東京23区が23個
スッポリ入る!

×23

自然遺産　文化遺産　複合遺産

タンザニア

40

ンゴロンゴロ保全地域

登録名 Ngorongoro Conservation Area

世界最大のカルデラで棲息する野生動物の楽園

スワヒリ語で「巨大な穴」を意味するンゴロンゴロ。火山の噴火からできた東西19キロ、南北16キロ、深さ600メートルの巨大クレーターには湖や大草原が広がっており、フラミンゴやクロサイ、シマウマ、ヌーなど、約2万5000頭の野生動物が棲息している。

クレーター西にあるオルドバイ渓谷は、アウストラロピテクスの化石人類が発見された場所。その文化的価値が認められ、2010年に複合遺産へ登録が拡大された。

マカトゥー湖をピンクに染めるフラミンゴの群れ

身近なものと比べてみよう!

クレーターの広さは、東京ドーム5646個分！

 ×5646

自然遺産 文化遺産 複合遺産

ザンビア／ジンバブエ

41

モシ・オ・トゥニャ（ヴィクトリアの滝）

登録名 Mosi-oa-Tunya (Victoria Falls)

20キロ先からも水煙が見える世界三大瀑布！

ジンバブエとザンビアの国境地帯、ザンベジ川中流域にあるヴィクトリアの滝。落差150メートル、幅約2キロ。雨季の増水期には、毎分5億リットルもの水が落下し、巨大なカーテンのように水煙をあげる。

もともと、ザンベジ川の重みで台地に亀裂が生じ、落下した水で大瀑布《だいばくふ》が形成された。それから長い年月をかけて水流が川底を浸食。現在の滝の位置は、当初より80キロ上流に移動しており、下流にはジグザグ状の渓谷が残っている。

2〜5月はとくに水量が多いヴィクトリアの滝

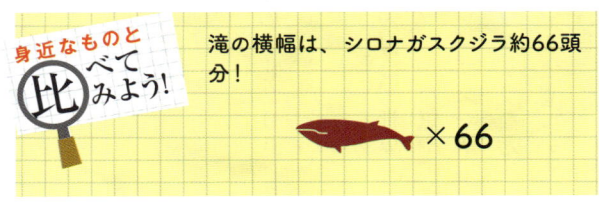

身近なものと比べてみよう!

滝の横幅は、シロナガスクジラ約66頭分!

 ×66

自然遺産　文化遺産　複合遺産

オーストラリア

42

グレート・バリア・リーフ

登録名　Great Barrier Reef

世界最大の珊瑚礁が広がる海洋生物の宝庫！

グレート・バリア・リーフは、オーストラリア東海岸沿いの南北2000キロに分布する、世界最大の珊瑚礁《さんごしょう》エリア。200万年かけてできたという珊瑚は、約400種に及ぶ。

大小900以上の島々が浮かぶ透き通ったコーラルブルーの海は、世界中のダイバーが憧れる海洋生物の宝庫だ。約1500種のカラフルな魚や、200種以上の鳥類、世界最大のシャコ貝やアオウミガメ、ジュゴンやザトウクジラなどが悠々と息づいている。

美しい珊瑚の海と、「緑の宝石」といわれるグリーン島

ココにも
注目！

珊瑚が堆積してできたグリーン島は、ケアンズから高速船で約50分。6〜11月の乾季は海の透明度が抜群。

自然遺産 文化遺産 複合遺産

オーストラリア

43

ウルル-カタ・ジュタ国立公園

登録名 Uluru-Kata Tjuta National Park

巨大な一枚岩を望む先住民アボリジニの聖なる地

オーストラリア中央部に位置するウルル-カタ・ジュタ国立公園は、エアーズロックの名でも有名なウルル山と、カタ・ジュタと呼ばれる大小36の巨石群が広がる、アボリジニの聖地。

ウルル山は周囲約9キロ、高さ348メートルの、世界で2番目に大きな一枚岩だ。6億年前の地殻変動と、長年の浸食で現在の形になった。山麓の洞窟には、約1万年前に描かれたというアボリジニの岩壁画なども残る。含有鉄分が酸化して岩肌が赤く、日の出と夕刻はとくに美しい。

巨大な一枚岩のウルル山。山頂からは360度のパノラマが！

世界遺産クイズ！

Q ウルル山の約2.5倍という底面積を誇る、高さ858m（標高1105m）の世界最大の一枚岩とは？

A マウント・オーガスタス（オーストラリア）

自然遺産　文化遺産　複合遺産

オーストラリア

44

グレーター・ブルー・マウンテンズ地域

登録名 Greater Blue Mountains Area

断崖とユーカリの大樹海が織り成す渓谷美

オーストラリア南東部に位置し、8つの国立公園からなる自然遺産。標高1300メートル級の峰々が連なり、断崖絶壁や渓谷、洞窟、滝、湿原などが広がっている。断崖に3つの頂をもつ、伝説の奇岩「スリーシスターズ」を、エコー・ポイント展望台から望む景観が人気だ。

ここには、世界の13％に当たる91種のユーカリの木が生い茂る。そのユーカリが放つオイルで周囲が青く霞んで見えることから、ブルー・マウンテンズの名がつけられた。

エコー・ポイント展望台から望む奇岩、スリーシスターズ

ココにも注目！

3億4000万年前にできたという、世界最古の美しい鍾乳洞「ジェノランケーブ」も楽しみのひとつ！

自然遺産　文化遺産　複合遺産

オーストラリア

45

タスマニア原生地域

登録名　Tasmanian Wilderness

世界最大の肉食性有袋類が棲息する原生林！

オーストラリア東南沖に浮かぶタスマニア島は、北海道ほどの大きさ。その20％を占めるタスマニア原生地域では、樹齢３０００年といわれる太古の原生林や、独自の進化を遂げた固有動物が多く棲息するのが特徴だ。

とくに、肉食獣の有袋類では世界最大というタスマニアデビルが有名。また、ウォンバットのほか、カモノハシやハリモグラといった、もっとも原始的な哺乳類など、世界的にも珍しい動物が見られる。

ココにも注目！

アボリジニのステンシル技法で描かれた壁画や石器などが発見され、文化的価値も注目される複合遺産。

奥は奇峰クレイドル山。周辺には有袋類の動物も多い

自然遺産　文化遺産　複合遺産

46

ニュージーランド

トンガリロ国立公園

登録名 Tongariro National Park

マオリ族の聖なる地。国内最古の国立公園

ニュージーランド北島にあるトンガリロ国立公園は、標高１９６７メートルのトンガリロ山、標高２２９１メートルのナウルホエ山、標高２７９７メートルのルアペフ山の、３つの活火山からなる国内最古の国立公園。先住民マオリの首長が、聖地であるこの地を保護するために寄贈したものだ。

エメラルド色のカルデラ湖や、溶岩に覆われた荒野、無数のクレーターから蒸気が噴き出す壮大な景観が広がる。これらを巡るトレッキングコース、トンガリロ・クロッシングが人気だ。

火山跡にできた美しいブルーレイク

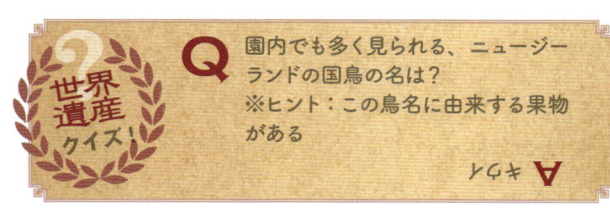

世界遺産クイズ!

Q 園内でも多く見られる、ニュージーランドの国鳥の名は?
※ヒント:この鳥名に由来する果物がある

A キウイ

自然遺産　文化遺産　複合遺産

ニュージーランド

47

テ・ワヒポウナム‐南西ニュージーランド

登録名　Te Wahipounamu-South West New Zealand

氷河が刻むフィヨルドと山岳風景の絶景美！

ニュージーランド南西部に位置し、４つの国立公園からなる、テ・ワヒポウナム。マウント・クック国立公園では、標高３７５４メートルのクック山をはじめ、３０００メートル級の高峰が20も連なるサザンアルプスがそびえる。

フィヨルドランド国立公園では、１万年以上前の氷河期に形成されたフィヨルド「ミルフォード・サウンド」が壮観。切り立った崖や、碧く輝く湖などの絶景が広がり、世界一美しい散歩道といわれるミルフォード・トラックは、ハイカー憧れのコースだ。

変化に富んだ景観が広がるマウント・クック国立公園

身近なものと比べてみよう!

総面積はなんと、東京23区が約41個も入る広大さ!

×41

自然遺産　文化遺産　複合遺産

マーシャル諸島

48

ビキニ環礁
核実験跡

登録名 Bikini Atoll Nuclear Test Site

核時代の象徴と痛ましい被害を伝える負の遺産

太平洋沖のマーシャル諸島に属する、美しいビキニ環礁。ここには、アメリカが計67回もおこなった核実験による、悲劇の爪痕《つめあと》が残されている。1946年の実験では、計8隻の船が礁湖に沈没。1954年の水素爆弾（ブラボー）実験では、海底に直径2キロ、深さ73メートルの巨大クレーターが残された。日本の漁船である第五福竜丸の被曝《ひばく》をはじめ、多くの珊瑚や島民が被災。今後も伝えていくべき事実であり、マーシャル諸島初の世界遺産に登録された。

海底には沈没船などが残され、ダイビングスポットにもなっている

ココにも
注目！

一連の核実験は、広島型原爆の7000回分に匹敵するという。240km離れたロングラップ環礁まで被害を及ぼした。

自然遺産　文化遺産　複合遺産

オーストラリア

49

オーストラリア囚人遺跡群

登録名 Australian Convict Sites

英国による流刑や植民地拡大の歴史を伝える重要な証拠

オーストラリアの囚人遺跡群は、タスマニア州、ニュー・サウス・ウェールズ州など、計11ヶ所に点在。イギリスによる植民地拡大のための収容施設であり、18~19世紀にかけて建設。先住民アボリジニが強制撤去させられた地でもある。

80年間で十数万人もの流刑囚が送りこまれ、刑罰という名目で植民地建設のための強制労働が行われた。シドニーハイドパーク・バラックス、西オーストラリア州の旧フリーマントル刑務所など、多くが街の中心部にあるのも特徴的だ。

タスマニア州にある、1830年に造られた刑務所「ポート・アーサー史跡」

世界遺産クイズ!

Q 1770年にオーストラリア大陸を発見し、イギリス入植のきっかけとなった、英国人の探検家は?

A ジェームズ・クック
（キャプテン・クック）

第3章 ヨーロッパ

79
69
68
71
75
70
51
50
76
77
52
74
72
53
73
78
65
57
54
55
58
62
60
63
59
56
67
64
61
66
※80のプトラナ高
p19へ

自然遺産　文化遺産　複合遺産

50　フランス

モン - サン - ミシェルとその湾

登録名　Mont-Saint-Michel and its Bay

海に浮かぶ神秘と孤高の聖なる修道院

モン・サン・ミシェルは、フランス北西部のサン・マロ湾に浮かぶ小島に築かれた修道院。大天使ミカエルのお告げで10世紀に建てられ、カトリックの巡礼地となった。数世紀にわたって増改築され、ロマネスク、ゴシックなどさまざまな建築様式が混在している。

14世紀の百年戦争では要塞《ようさい》として、18世紀のフランス革命では監獄として使われることもあった。潮の干満差が15メートルと激しく、満潮時は海に浮かぶように見える。

「海上のピラミッド」とも呼ばれるモン・サン・ミシェル

ココにも
注目！

現在は、陸地と島が堤防道路でつながっているが、今後は環境保護のために道路を壊し、新たな橋が架けられる予定。

自然遺産　文化遺産　複合遺産

フランス

51

パリのセーヌ河岸

登録名　Paris, Banks of the Seine

2000年の歴史と芸術に彩られる世界遺産の宝庫

パリの街を二分するように流れるセーヌ川。その中州にあるシテ島を中心に、シュリ橋からイエナ橋まで約5キロの両岸にある橋や歴史的建造物が、世界遺産に登録されている。

セーヌ川左岸には、パリのシンボルともいえるエッフェル塔をはじめ、オルセー美術館、ブルボン宮殿などがある。右岸では、ルーヴル美術館やコンコルド広場、シャゼリゼ通りなどが有名。シテ島には、ゴシック建築を代表するノートル・ダム大聖堂がそびえる。

ココにも
注目！

12世紀末の城塞から宮殿、美術館へと変化を遂げた世界最大級のルーヴル美術館では、約30万点を収蔵している。

1889年のパリ万博の際に建てられた、高さ324m のエッフェル塔

自然遺産 文化遺産 複合遺産

フランス

52

ヴェルサイユの宮殿と庭園

登録名 Palace and Park of Versailles

総工約50年をかけたヨーロッパ最大の豪華すぎる宮殿！

パリ郊外に位置するヴェルサイユ宮殿は、１６６１年にルイ14世が築いたヨーロッパ最大の宮殿。一代で約50年の歳月を費やしたというバロック建築の最高傑作であり、大理石や装飾画などが施された絢爛《けんらん》豪華《ごうか》な部屋が続く。

最大の見どころは、ヴェルサイユ条約が調印された部屋としても有名な「鏡の間」。ボヘミアングラスのシャンデリアや５７８枚の鏡などを配し、長さは約75メートルに及ぶ。

美しい幾何学模様の花壇が並ぶ、広大な噴水庭園も見事だ。

マリー・アントワネットの挙式も行われたという壮麗な「鏡の間」

身近なものと比べてみよう!

敷地の総面積は、なんと東京ドーム約228個分!

×228

自然遺産 文化遺産 複合遺産

フランス

53

シュリー・シュル・ロワールとシャロンヌ間のロワール渓谷

登録名 The Loire Valley between Sully-sur-Loire and Chalonnes

貴族らが競って建てた名城が並ぶ"フランスの庭"

フランス中部のロワール渓谷には、中世からルネサンス期にかけて王や貴族たちが競い合って建てたという、300もの華麗な城が立ち並ぶ。「フランスの庭園」とも評され、そのうちシュリー・シュル・ロワールからシャロンヌまでの約200キロ河畔、23の城館が世界遺産に登録されている。10〜12世紀を代表するシノン城や、ルネサンス建築でロワール最大のシャンボール城、アンリ2世が愛人に贈ったというシュノンソー城など、美しい城館が点在。

ロワール渓谷で最も美しい城ともいわれるシュノンソー城

世界遺産クイズ！

Q ロワール渓谷の古城のひとつであるユッセ城は、ある童話の舞台に。シャルル・ペローの描いた作品とは？

A 『眠れる森の美女』

自然遺産 文化遺産 複合遺産

フランス

54

歴史的城塞都市カルカッソンヌ

登録名 Historic Fortified City of Carcassonne

二重の城壁にガードされるヨーロッパ最大の城塞都市

フランス南部に位置するカルカッソンヌは、周囲1・2キロの二重の城壁に囲まれたヨーロッパ最大の城塞都市。もともとローマ軍が築いていた城壁に、隣国アラゴン王国に対する備えとして、13世紀に新たな城壁が築かれた。シテと呼ばれる旧市街は、9つの塔をもつコムタル城や、サン・ナゼール大聖堂など、中世の雰囲気がそのままの建物が残る。狭い通りに面してレストランや土産屋、宿などが軒を連ね、現在も1000人ほどが暮らす。

オード川に架かる旧橋から、カルカッソンヌの城塞を一望できる

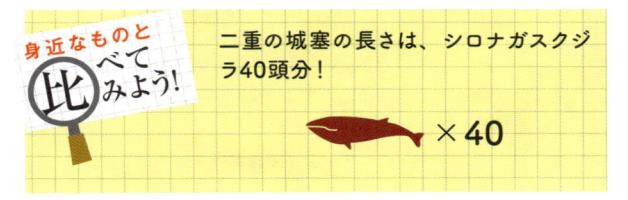

身近なものと比べてみよう!

二重の城塞の長さは、シロナガスクジラ40頭分！

×40

自然遺産 文化遺産 複合遺産

スペイン

55

アントニ・ガウディの作品群

登録名 Works of Antoni Gaudi

完成は2256年!? 奇才ガウディの独創作品群

スペインが生んだ天才建築家、アントニ・ガウディの作品群の中から、7つがバルセロナで世界遺産に登録されている。波のような曲線や細部の装飾を多用し、まるで生きているような奇抜で独創性のあるデザインは、世界中の建築家や芸術家に影響を与えた。

とくに有名なサグラダ・ファミリア贖罪《しょくざい》聖堂は、ガウディが死の直前まで没頭してきた集大成。着工から130年近く経つ現在も、彼の遺志を継いで建設が続けられており、完成は2256年ともいわれている。

世界遺産クイズ！

Q ガウディの永遠のライバルといわれた、バルセロナの「カタルーニャ音楽堂」「サン・パウ病院」などの建築家は？

A リュイス・ドメネク・イ・モンタネー

「聖家族」の意味をもつ教会、
サグラダ・ファミリア贖罪聖堂

自然遺産　文化遺産　複合遺産

スペイン

56

グラナダのアルハンブラ、ヘネラリーフェ、アルバイシン地区

登録名 Alhambra, Generalife and Albayzin, Granada

〝イスラム建築の極致〟アルハンブラ宮殿

スペイン南部のグラナダは、８世紀から約８００年間スペインを支配したイスラム勢力の最後を飾る地。その絶頂期に建てられたアルハンブラ宮殿の内部は、繊細なアラベスク模様や、透かし彫りの窓、モカラベと呼ばれる鍾乳石飾りなどで天井や壁を埋め尽くされており、そのイスラム装飾は、息をのむ美しさだ。

王族の避暑地として造営されたヘネラリーフェ離宮や、グラナダ最古の居住区であるアルバイシン地区も、往時のイスラムの面影を残している。

ココにも注目！

「ライオンの中庭」では、12頭のライオンが支える噴水があり、124本の大理石の柱や、幾何学模様の装飾が見事！

パルタル庭園に建つ、優美な「貴婦人の塔」

ヘネラリーフェ離宮に広がる「アセキアの中庭」

コマレス宮から眺める、グラナダ最古のアルバイシン地区

アルハンブラ宮殿内にある、大理石に囲まれた「ライオンの中庭」

自然遺産　文化遺産　複合遺産

57 スペイン

サンティアゴ・デ・コンポステーラの巡礼路

登録名 Route of Santiago de Compostela

聖地へ向かう約800キロの“道”の世界遺産

サンティアゴ・デ・コンポステーラは、キリスト教12使徒のひとり、聖ヤコブの遺骨があるとされる聖地。ローマ、エルサレムと並んで、キリスト教の三大巡礼地に数えられている。

ヨーロッパ各地からこの聖地を目指して、現在も巡礼が行われている。おもにフランス各地からピレネー山脈を経由し、スペイン北部を通る約800キロの巡礼路が主流。教会や美しい街並みが続き、巡礼宿も整備される。

キリスト教の聖地、サンティアゴ・デ・コンポステーラの大聖堂

世界遺産クイズ!

Q 日本でも登録されている、"道"の世界遺産とは?

A 紀伊山地の霊場と参詣道

自然遺産 文化遺産 複合遺産

スペイン

58

古都トレド

登録名 Historic City of Toledo

街全体が〝博物館〟。多様な文化が彩る歴史的都市

スペイン中部に位置する古都トレドは、タホ川に囲まれた小高い丘にある天然の要塞都市。１５６１年にマドリードへ首都が移されるまで、さまざまな民族に統治されながらスペインの首都として繁栄した歴史をもつ。

そのため、街にはイスラム教、ユダヤ教、キリスト教が融合した多彩な宗教的建造物が多い。ユダヤ教会やモスク、修道院、橋、塔などの美しい建造物が一体となって残り、トレドは「街全体が博物館」と称されている。

中世の石畳やアーチ橋、レンガ造りの家並みが残る古都トレド

世界遺産クイズ!

Q 16世紀に、トレドの街を愛してこの地を活動の拠点とした、スペインを代表する画家の名は？

A エル・グレコ

自然遺産　文化遺産　複合遺産

ギリシャ

59

アテネのアクロポリス

登録名　Acropolis, Athens

古代ギリシャの荘厳な神殿と丘の上の都市国家

「小高い丘の都市」を意味するアクロポリス。首都アテネの中央に位置する丘には、パルテノン神殿をはじめ、古代ギリシャ文明を象徴する建物が集まっている。

標高約１５０メートルの丘の上に建つパルテノン神殿は、紀元前４３２年に完成。アテネの守護神アテナを祀り、高さ10メートル、直径２メートルの白大理石柱が46本立ち並ぶ。柱は遠くから見てまっすぐに見えるよう、中央にふくらみをもたせて視覚的安定感を与える、エンタシスの形状が用いられている。

世界遺産クイズ！

Q　柱の形状に、パルテノン神殿に似た「エンタシス」をもつ、日本の代表的な寺（世界遺産）とは？

A　法隆寺

かつてユネスコのロゴマークにも用いられたパルテノン神殿

自然遺産 文化遺産 複合遺産

ギリシャ

60

メテオラ

登録名 Meteora

断崖に暮らし祈りを捧げる〝天空の修道院〟

メテオラは、ギリシャ語で「宙に浮く」という意味。ギリシャ北西部にあるテッサリア平原には、巨大な奇岩群と、その上に築かれた修道院が立ち並ぶ。断崖絶壁の岩の塊は、地上20メートルほどのものや、４００メートルに達するものまで約60ある。修道士たちは隔絶された環境で修業生活を送るため、14世紀頃から山頂にギリシャ正教の修道院を築き始めた。最盛期の15～16世紀には24の修道院が造られ、そのうち６棟は現在も活動している。

メテオラの切り立った崖の上にそびえる、アギア・トリアダ修道院

ココにも
注目！

現在は橋や石段が整備されているが、当時は巻き上げ機で資材や人を運んだり、綱をよじ登って修道院を建てたという。

自然遺産　文化遺産　複合遺産

ギリシャ

61

デルフィの古代遺跡

登録名 Archaeological Site of Delphi

"世界のへそ"と崇拝された古代ギリシャの聖地

ギリシャ中部のパルナッソス山麓にある古代都市、デルフィ。紀元前8世紀頃から太陽神アポロンを崇拝する信仰が高まり、デルフィは「世界のへそ（中心）」と考えられていた。

ギリシャ神話にも登場する代表的なアポロン神殿は、紀元前6世紀に建てられたギリシャ最古の神託所。ギリシャ全土から神の予言を求める人が訪れ、やがて芸術や競技の中心地となった。観客5000人を収容できる野外劇場や、競技場、円形神殿などが残されている。

アテナ・プロナイア聖域に建つ、円形神殿のトロス

ココにも
注目！

当時、アポロン神殿に祀られていた「大地のへそ」と呼ばれる石が、現在デルフィ博物館に収められている。

自然遺産　文化遺産　複合遺産

イタリア

62

ヴェネツィアとその潟

登録名　Venice and its Lagoon

街中を流れる運河をゴンドラが行き交う〝水の都〟

イタリア北東部、アドリア海の最深部に位置するヴェネツィア。泥土に杭を打ち込み、石灰質の石で基盤が造られた海上都市であり、１１８の潟（小島）と、それを結ぶ４００以上の橋で結ばれている。

大小１５０もの運河が張り巡るヴェネツィアは、車の走らない世界唯一の都市。移動は乗り合いボートの水上バス（ヴァポレット）やゴンドラ、モーターボートなどで、警察や消防も船で駆けつける。地盤沈下や温暖化の影響から、近年は水没危機の問題も深刻だ。

ココにも注目！

サン・マルコ大聖堂やドゥカーレ宮殿が建つ、ナポレオンが「世界で最も美しい」と称えたサン・マルコ広場を訪れよう。

住宅街に張り巡らされる運河と、
ヴェネツィア名物のゴンドラ

自然遺産 文化遺産 複合遺産

イタリア

63

フィレンツェ歴史地区

登録名 Historic Centre of Florence

街全体が美術館!? ルネサンス芸術発祥の都

トスカーナ地方のアルノ河畔に広がるフィレンツェは、14~17世紀にかけてルネサンスの中心となった商業都市。３００年にわたって富豪メディチ家が権力を握り、レオナルド・ダ・ヴィンチなど多くの芸術家たちを支え、文化芸術の都へと発展した。

統一されたレンガ色の屋根や、白壁、石畳が続く美しい街並みが見どころ。１４０年費やされたというサンタ・マリア・デル・フィオーレ大聖堂など、荘厳なゴシック様式の建造物に彩られる。

サンタ・マリア・デル・フィオーレ大聖堂のドームと街並み

ココにも注目！

フィレンツェの芸術家、ミケランジェロやレオナルド・ダ・ヴィンチなどの作品は、ウフィッツィ美術館で公開されている。

自然遺産　文化遺産　複合遺産

イタリア

64 アルベロベッロのトゥルッリ

登録名 The *Trulli* of Alberobello

とんがり屋根と白壁の、メルヘンで機能的な家屋

南イタリアのプーリア州にある小さな街、アルベロベッロ。そこには円錐形のとんがり屋根が愛らしい、「トゥルッリ」と呼ばれる家々が立ち並ぶ。16～17世紀にかけて開拓農民用の住居として造られたもので、石灰岩を積み重ねただけの簡素な屋根がつけられている。

この独特な家屋の形は、〝節税対策〟との説がある。当時は「漆喰で装飾された屋根のある部屋」に課税されていたため、徴収人が来ると急いで屋根の石をおろし、「家ではない」と主張したという。

街には約1000軒のトゥルッリが残り、現在も人が住んでいる

ココにも
注目!

屋根には魔除けの意味をこめた図柄も。また、雨水を1ヶ所に集め、床下の井戸に溜めるという工夫もされている。

自然遺産　文化遺産　複合遺産

イタリア

65

ピサのドゥオモ広場

登録名　Piazza del Duomo, Pisa

傾き続けて８００年。修正を重ねて見守られる鐘楼

「ピサの斜塔」で有名な、イタリアの海洋都市ピサ。１０６３年、パレルモ沖の海戦の勝利を記念にドゥオモ（大聖堂）が建てられ、その鐘楼《しょうろう》として建造されたのが、地上８層、大理石の装飾が美しいピサの斜塔だ。

１１７４年の着工当初から地盤沈下で傾き始め、工事は２度にわたって中断。工期は２００年に及んでいる。予定していた１００メートルの高さも、倒壊を恐れて55メートルに修正された。現在は、中心線から４・５メートル、角度にすると５・５度傾いている。

世界遺産クイズ！

Q　ピサの斜塔で、鉄球を落として「落下の法則」を発見したとされる、ピサ出身の物理学者とは？

A　ガリレオ・ガリレイ

ドゥオモ広場に建つピサの斜塔。
今後300年は倒れないという

自然遺産　文化遺産　複合遺産

イタリア

66

ポンペイ、エルコラーノ及びトッレ・アヌンツィアータの遺跡地域

登録名 Archaeological Areas of Pompei, Herculaneum and Torre Annunziata

2000年前の生活が残る〝タイムカプセル〟都市

ナポリ郊外にあるポンペイは、紀元79年のヴェスヴィオ火山の噴火で、一夜にして火山灰に埋もれてしまった古代都市。１７００年もの間忘れ去られていたが、18世紀に始まった発掘で、奇跡的に当時のままの姿が出現した。

轍《わだち》の残る石畳や、劇場、パン屋、クリーニング店まで残され、生活水準の高いローマ人の暮らしぶりがうかがえる。逃げ遅れた人が埋まってできた空洞に、石膏を流して再現した人形《ひとがた》もあり、当時の悲劇をいまに伝えている。

ポンペイの都市遺跡と、約10km 離れたヴェスヴィオ火山

ココにも
注目！

街ではワイン造りが盛んだったことから、あちらこちらに居酒屋も。紙がなかった当時の、壁の落書きまで残る。

自然遺産　文化遺産　複合遺産

イタリア／バチカン市国

67

ローマ歴史地区、教皇領とサン・パオロ・フオーリ・レ・ムーラ大聖堂

登録名 Historic Centre of Rome, the Properties of the Holy See in that City Enjoying Extraterritorial Rights and San Paolo Fuori le Mura

歴史と情緒ある〝永遠の都〟ローマを歩く

古代ローマ帝国の都として、紀元前8世紀から発展してきたローマは、遺跡の中に街があるといえるほど見どころが多い。なかでも、紀元80年に完成した円形闘技場コロッセオは、古代ローマ最大の建造物。5万人を収容できる周囲527メートルの楕円形で、剣闘士の闘いなどが行われていた。

そこに隣接するフォロ・ロマーノは、政治、経済の中心として栄えた無数の神殿や凱旋門が残る。一度に1600人が入浴できたという巨大なカラカラ浴場も必見。

紀元72年から着工した、4階建ての円形闘技場コロッセオ

世界遺産クイズ!

Q トレビの泉や真実の口、スペイン階段など、ローマが舞台の映画『ローマの休日』。タイトルバックの広場は?

A サン・ピエトロ広場

自然遺産　文化遺産　複合遺産

68　ドイツ

ケルン大聖堂

登録名　Cologne Cathedral

トータル６３２年！世界最大のゴシック建築の大聖堂

ドイツ西部のケルン中央駅を出て、目の前にそびえるケルン大聖堂。天を突くように伸びる尖塔《せんとう》の高さは１５７メートル、奥行き１４４メートル。ゴシック様式の建築物としては世界最大規模を誇る。建設は１２４８年に開始。16世紀に入ると宗教改革により寄付が減り、資金が不足し、３００年も工事が中断された。行方不明だった設計図も見つかり、ようやく完成したのは１８８０年。15世紀の祭壇画や、１万平方メートルに及ぶステンドグラスに彩られた聖堂内も圧巻だ。

身近なものと比べてみよう！

ケルン大聖堂の尖塔の高さは、キリン31頭分！

×31

アーチ型の高い天井とステンドグラスが彩る聖堂内

天井の高さと光を追求したゴシック様式の傑作、ケルン大聖堂

聖書が描かれた壮麗なステンドグラスがぎっしり

大聖堂の南塔には、509段のらせん階段と眺望のよい展望台も

自然遺産 文化遺産 複合遺産

ベルギー

69

ブリュッセルのグラン‐プラス

登録名 La Grand-Place, Brussels

華麗な建造物が囲む世界で最も美しい広場

ベルギーの首都ブリュッセルにある大広場、グラン‐プラス。110メートル×69メートルの石畳の広場で、四方を15～17世紀の歴史的な建造物が囲む。高さ95メートルの鐘楼《しょうろう》が建つ市庁舎や、王の家（現・市立美術館）、商人たちが競い合って建てた豪華なギルドハウス、食堂やカフェなどが集う観光名所だ。

文豪ヴィクトル・ユーゴーが「世界で最も美しい広場」、詩人ジャン・コクトーが「絢爛たる劇場」と絶賛した広場では、現在も毎日、花市が開かれている。

2年に1度開催される花の祭典「フラワーカーペット」の様子

ココにも
注目！

市庁舎の脇道には、有名な「小便小僧」の像も。世界中から贈られる衣装を着ており"世界一の衣装もち"といわれている。

自然遺産　文化遺産　複合遺産

チェコ

70

チェスキー・クルムロフ歴史地区

登録名 Historic Centre of Český Krumlov

絵画のような美しい中世の街並みをとどめる

チェコ南部に位置し、大きく蛇行して流れるヴァルタヴァ川が囲む小さな街、チェスキー・クルムロフ。14世紀から手工業と交易で栄え、中世の歴史的建造物や、オレンジ色の屋根が連なる美しい景観を誇っている。

旧市街を見下ろすように建つチェスキー・クルムロフ城は、13世紀に創建。歴代の持ち主が増改築し、建築様式が多数混在している。城内にはバロック様式の劇場や、カラフルなフラデークの塔など、約40の建物が並ぶ。

チェスキー・クルムロフ城から、美しい街並みを一望できる

ココにも
注目！

旧市街の真ん中にある宿「ホテル・ルージュ」は、ルネサンス様式のイエズス会神学校だった建物を利用している。

自然遺産　文化遺産　複合遺産

チェコ

71

プラハ歴史地区

登録名　Historic Centre of Prague

1000年の歴史を散りばめた〝黄金の街〟プラハ

「黄金のプラハ」「百塔の街」「ヨーロッパの音楽院」など、さまざまな美名で呼ばれるチェコの首都、プラハ。1000年の歴史をもつ旧市街には、ロマネスクからゴシック、ルネサンス、バロック、アールヌーボーまで、さまざまな建築様式の建物が立ち並んでいる。
ヴァルタヴァ川にかかるカレル橋は、カレル4世が14世紀に着工。丘の上にそびえる街のシンボル的なプラハ城が見える。城内にあるゴシック式の聖ヴィート大聖堂は、アールヌーボーのステンドグラスが壮麗だ。

ココにも注目！

旧市庁舎にある天文時計のからくりが名物。毎時、怪しげな骸骨が縄を引き、12使徒が現れて最後に鳥が「キーッ」と鳴く。

12世紀に創建された、ゴシック様式の美しいティーン教会

バロック様式の聖ミクラーシュ教会。街中には馬車も多い

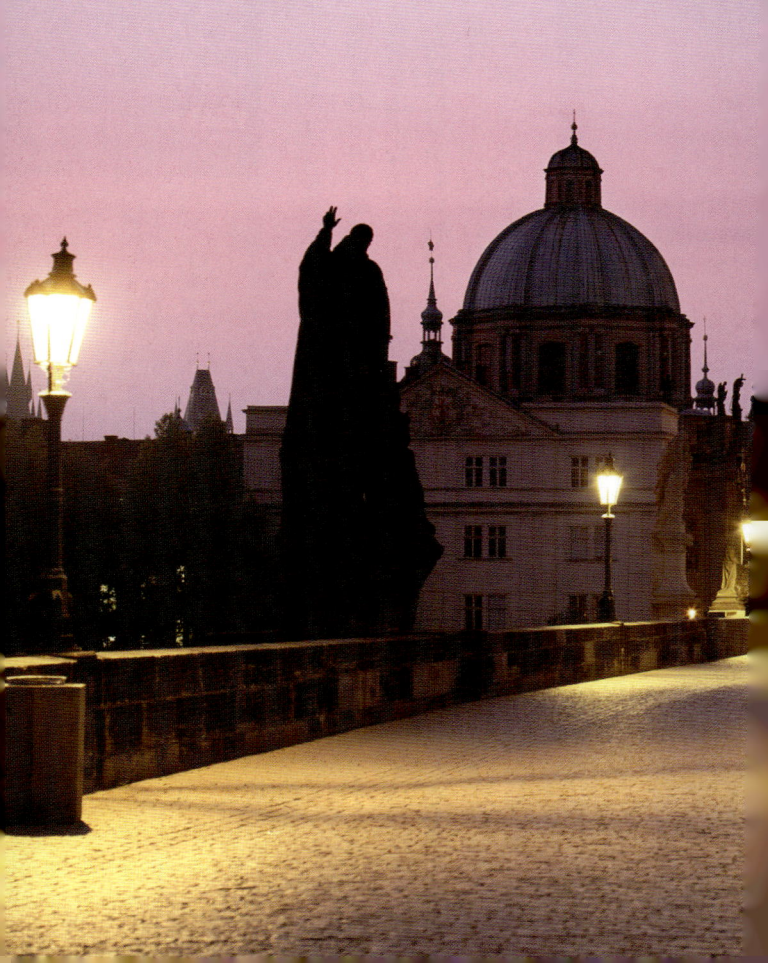

カレル橋からのノスタルジックな夕景。30の聖人像が両脇に並ぶ

自然遺産　文化遺産　複合遺産

72　スイス

スイス・アルプス ユングフラウ-アレッチュ

登録名　Swiss Alps Jungfrau-Aletsch

青、白、緑の雄大なパノラマをアルプスの車窓から

スイスの三大名峰（ユングフラウ、メンヒ、アイガー）をはじめとする、標高４０００メートル級の９つの山々と、アルプス最長（27キロ）のアレッチ氷河を含む広大なエリアが、自然遺産に登録されている。

山麓《さんろく》には美しい牧草地が広がり、登山鉄道も発達。車窓から楽しめる絶景は、スイス観光の目玉のひとつだ。とくに、レーティッシュ鉄道のベルニナ線とアルブラ線は、鉄道と周囲の景観が文化遺産に登録されている。

壮大なアルプスの絶景を背に、山岳鉄道の真っ赤な列車が行き交う

世界遺産クイズ!

Q 鉄道の世界遺産をもつ国は、スイス、オーストリア、インド、ハンガリーの4つのみ。なかでも世界初の山岳鉄道とは?

A ゼメリング鉄道（オーストリア）

自然遺産 文化遺産 複合遺産

クロアチア

73

ドゥブロヴニク旧市街

登録名 Old City of Dubrovnik

城壁に守られた中世の街並みは〝アドリア海の真珠〟

クロアチア南部のアドリア海に突き出した城塞都市、ドゥブロヴニク。7世紀頃から海上交易で発展したこの街は、オレンジ色の屋根と白壁が陽光に輝く美しい建物が立ち並び、「アドリア海の真珠」とも称されている。

高さ25メートル、周囲約2キロの堅固な城壁に囲まれており、ゴシック、バロック、ルネサンス様式の宮殿や教会、噴水などが残されている。1991年の内戦で多くの文化財が破壊されたが、住民の力で忠実に復元された。

紺碧のアドリア海と、城壁に囲まれた一面オレンジ屋根の旧市街

ココにも注目！

城壁は幅4〜5mあり、この上を歩いて一周することができる。旧市街と海を見渡すことができる絶景の散策コース。

自然遺産　文化遺産　複合遺産

クロアチア

74

プリトヴィッチェ湖群国立公園

登録名　Plitvice Lakes National Park

エメラルドに輝く“湖の階段”は、大自然の造形美

クロアチア中西部のプリトヴィッチェ川沿いには、約8キロにわたって大小16の湖と、92の滝でつながる幻想的な風景が広がっている。それらは階段状に連なり、最も上流の湖と下流の湖の標高差は、133メートルもある。

一帯の川は、もともと炭酸カルシウムの濃度が高い。それが沈殿して石灰華をつくり、自然のダムとなって長い年月をかけ多くの湖が形成された。透明度が高く、エメラルドグリーンにきらめく美しい湖水に魅了される。

公園内は木製の遊歩道が整備され、湖や滝を間近で眺められる

ココにも
注目！

湖の周辺に広がる森林地帯には、ヒグマやオオカミなどの希少動物ほか、126種の鳥類が生息している。

自然遺産 文化遺産 複合遺産

75 ポーランド

アウシュヴィッツ・ビルケナウ ナチスドイツの強制絶滅収容所(1940-1945)

登録名 Auschwitz Birkenau German Nazi Concentration and Extermination Camp(1940-1945)

戦争の悲劇をいまに伝える、人類の負の遺産

ポーランド南部にあるアウシュヴィッツ強制収容所は、ナチス・ドイツが建設したユダヤ人虐殺のための施設。第二次世界大戦中の1940年に建てられ、2年後には2キロ先のビルケナウにも、第2収容所を建設した。

アウシュヴィッツ収容所では、28ヶ国、150万人が罪もなく殺されていった。現在は、博物館として一般公開。当時の記録映像の放映や、収容部屋、飢餓室、遺留品、死刑執行の瞬間を撮った写真まで展示されている。

レンガ造りの28の囚人棟が残る、アウシュヴィッツ強制収容所

世界遺産クイズ！

Q 人類の犯した過ちを伝え、二度と起こらない戒めとする「負の世界遺産」。日本にある負の世界遺産とは？

A 原爆ドーム

自然遺産　文化遺産　複合遺産

オーストリア

76

シェーンブルン宮殿と庭園群

登録名　Palace and Gardens of Schönbrunn

鮮やかな庭園に彩られる、名門ハプスブルク家の宮殿

オーストリアの首都ウィーンにあるシェーンブルン宮殿は、女帝マリア・テレジアが改築させた、ハプスブルク家の夏の宮殿。外観はバロック様式で、内部は優美なロココ様式。幾何学的で広大な庭園を備えている。

宮殿には１４４１室もの部屋があり、39室のみ公開されている。当時６歳のモーツァルトが招かれて演奏したという鏡の間や、ウィーン会議で舞踏会場となった幅10メートル、長さ40メートルの豪勢な大広間などが見られる。

マリア・テレジア・イエローという黄色の鮮やかな宮殿と豪華な庭園

世界遺産クイズ！

Q 女帝マリア・テレジアの娘で、フランス国王ルイ16世に嫁ぎ、38歳の若さで亡くなった皇女の名は？

A マリー・アントワネット

自然遺産 文化遺産 複合遺産

オーストリア

77

ハルシュタット・ダッハシュタイン・ザルツカンマーグートの文化的景観

登録名 Hallstatt-Dachstein / Salzkammergut Cultural Landscape

アルプスに抱かれる世界で最も美しい湖畔の街

オーストリア中部に位置する、ザルツカンマーグートの湖水地帯は、映画『サウンド・オブ・ミュージック』の舞台にもなった景勝地。ドイツとの国境に連なる2000メートル級の山々と、周辺に70以上の湖が広がる。

とくに有名な湖は、ハルシュタット湖。ハルシュタットの街へは、接続の連絡船で向かう。美しい深緑色の湖畔にゴシック、ルネサンス時代の家や教会が並び、自然と調和する絵画のような景観を船上から一望できる。

アルプスの氷河が造り出した美しい湖畔の街、ハルシュタット

ココにも注目！

湖に迫る、標高2995mの「ダッハシュタイン連峰」も世界遺産。氷河が削り出した多くの洞窟を抱え、観光に人気だ。

自然遺産　文化遺産　複合遺産

フランス

78

アルビ司教都市

登録名　Episcopal City of Albi

中世の趣きが香るレンガ造りの都市建造物群

フランス南西部に位置し、中世の美しい建造物群が残る古都アルビ。城壁をもつ司教館のベルビー宮殿や、タルン川に架かる橋ヴィユ・ポン、レンガ造りの統一感ある旧市街など、ローマ・カトリック教が権勢を振るった、アルビ黄金時代を伝える建物が多く残されている。

南仏ゴシック様式のサント・セシル大聖堂は、13世紀から200年にわたり建造。赤やオレンジ色のレンガを使った、要塞のような外観が特徴だ。

南仏ゴシック様式のサント・セシル大聖堂は、全長113m、高さ40m

ココにも
注目！

サント・セシル大聖堂は、レンガ造りの建物では国内最大級。内部に描かれる巨大なフレスコ画「最後の審判」は必見。

自然遺産　文化遺産　複合遺産

オランダ

79

アムステルダムのシンゲル運河内の17世紀の環状運河地区

登録名 Seventeenth-century canal ring area of Amsterdam inside the Singelgracht

環状運河が巡らされる調和のとれた港湾都市

オランダ・アムステルダムの運河地区は、16世紀末～17世紀初頭にかけ、新しい「港湾都市」として開発された街。アムステルダムの中心部から、同心円状に5つの運河を環状に巡らせ、低湿地の水を排出しながら計画的に都市を拡大していった。

整備された運河沿いには、教会や切妻屋根の家々をはじめとする、均整のとれた街並みが広がっている。これらの都市デザインは、19世紀に至るまで、世界中の大規模都市計画のモデルとなった。

世界遺産クイズ！

Q ユネスコ主催の「世界の記憶」という遺産のひとつに登録される、アムステルダムを舞台に描かれた文学作品は？

A アンネの日記

運河網が旧市街の景観と調和する、アムステルダムの運河地区

自然遺産　文化遺産　複合遺産

ロシア

80

プトラナ高原

登録名　Putorana Plateau

トナカイの移動ルートでもある北極圏の大自然

ロシアの中央シベリア北部にある、プトラナ高原。隔絶された広大な山岳エリアには、手つかずの美しい自然が広がっている。２万５０００を超えるフィヨルド式の湖や、河川、渓谷、数千に及ぶ滝などが点在。

北極圏に近いプトラナ高原は、ツンドラ（凍結した土壌地帯）では珍しい、多様性に富んだ生態系も残されている。この一帯は、トナカイの重要な移動ルートでもあり、希少な自然の営みが息づく地域として保護されている。

ココにも注目！

トナカイは、メスも角をもつ珍しいシカ科。メスは雪を掘って子どものエサを確保できるよう、冬季に角が生える。

2010年
登録

原生のタイガ（針葉樹林）や河川、
湖などが広がるプトラナ高原

第4章 南北アメリカ

自然遺産　文化遺産　複合遺産

カナダ

81

カナディアン・ロッキー山脈自然公園群

登録名 Canadian Rocky Mountain Parks

3000メートル級の峰々を望む風光明媚な自然美

カナディアン・ロッキーは、北米大陸にそびえるロッキー山脈の、カナダ側２２００キロにわたる山岳地帯。４つの国立公園と３つの州立公園からなる、２万３０００平方キロの広大な面積が、自然遺産に登録されている。公園内には、氷河が造り出した険しい山々や針葉樹林、氷河湖、鍾乳洞などが点在。世界で3番目にできたというバンフ国立公園には、ターコイズブルーの神秘的なモレーン湖をはじめ、美しい湖や名峰、温泉も広がる。

バンフ国立公園のモレーン湖と、「テンピークス」と呼ばれる10の峰

ココにも
注目！

ヨーホー国立公園内の地層からは、５億年以上前の化石が多数発見されており、現在も発掘作業が続けられている。

自然遺産　文化遺産　複合遺産

アメリカ合衆国

82

グランド・キャニオン国立公園

登録名　Grand Canyon National Park

20億年の地球の歴史が刻まれた、世界最大の大峡谷

アリゾナ州にあるグランド・キャニオンは、長さ450キロに及ぶ広大な峡谷。約1億年前の地殻変動で堆積層が隆起し、コロラド川や雨風の浸食によって、長い年月をかけて生み出された。

谷底と崖の上の標高差は、最大1700メートル。11層にもなる地層は、先カンブリア紀から20億年の時が刻まれたもの。この〝壮大な地球のアート〟ともいえる大峡谷を望むには、サウス・リムの展望台が絶好のビュースポットだ。

身近なものと比べてみよう！

長さは瀬戸大橋36個分、
深さは東京スカイツリー
2.6個分！

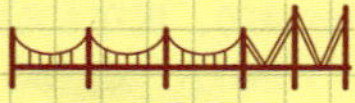

床がガラス張りで、谷底が見下ろせる展望台「スカイウォーク」

谷底を流れるコロラド川は、現在もグランド・キャニオンを浸食中

谷底は20億年前、地表は2億5000万年前の地層がむき出しに

自然遺産　文化遺産　複合遺産

83

アメリカ合衆国

イエローストーン国立公園

登録名 Yellowstone National Park

世界でもっとも間欠泉が見られる、世界最古の国立公園

ワイオミング州を中心に、3州にまたがるイエローストーン国立公園は、1872年に誕生した世界初の国立公園。四国の約半分という、広大な園内の地下にマグマが広がり、間欠泉や温泉池、噴気孔など、約1万もの温泉現象が集中している。

周辺部は黄色に発色し、バクテリアが生息できない高温の中心部が鮮やかな空色に輝く「モーニング・グローリー」や、平均91分間隔で高さ32～56メートルの熱泉を噴き上げる「オールド・フェイスフル」も壮観だ。

ココにも注目！

温泉中の石灰質が沈殿した、白い石灰棚の「テラス・マウンテン」など、バラエティ豊かな現象が見られる。

朝顔のような、すり鉢状の温泉池
「モーニング・グローリー」

自然遺産 文化遺産 複合遺産

アメリカ合衆国

84

ヨセミテ国立公園

登録名 Yosemite National Park

氷河が生み出した壮大なU字谷の奇岩地形

カリフォルニア州のシェラ・ネバダ山脈麓にあるヨセミテ公園には、氷河によって形成されたダイナミックな景観が広がる。なかでもヨセミテ渓谷は、全長13キロ、深さ1000メートルの、花崗岩のU字谷が壮観だ。

世界最大の花崗岩の一枚岩「エル・キャピタン」は、高さ914メートル。氷河に岩山の半分を削りとられた「ハーフドーム」や、落差739メートルのヨセミテ滝、高さ100メートルのセコイアの巨樹群など、多彩な自然の造形が見られる。

ココにも注目！

シェラ・ネバダ山脈のパノラマや、眼下にヨセミテ渓谷を一望できる、グレイシャーポイントからの眺望がすばらしい。

氷河で半円形に削られた、高さ約1500m の奇岩「ハーフドーム」

雄大なヨセミテ渓谷の景観。園内には手つかずの原生林が残る

ヨセミテ渓谷にある、北米一の
落差739m を誇るヨセミテ滝

自然遺産 文化遺産 複合遺産

アメリカ合衆国

85

カールズバッド洞窟群国立公園

登録名 Carlsbad Caverns National Park

彫刻のように美しい世界最大級の地下鍾乳洞

ニューメキシコ州南東部にあるカールズバッドには、83の洞窟や、世界最大級の地下ドームをもつ洞窟群が広がる。総延長45キロ、全米最深489メートル。約6000年前から形成が始まったといわれる。

なかでも洞窟最大の部屋「ビッグルーム」は、カフェやコンサートホールもあり、その周りをぐるっと1周できるトレイルも伸びている。4～10月頃の夕方に、100万匹ともいわれるメキシコ・オヒキコウモリの群れが飛び立つ光景も見どころ。

身近なものと比べてみよう!

ビッグルームの広さは、東京ドーム約2個分!

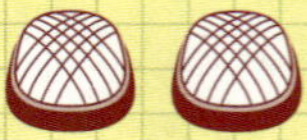

彫刻のような鍾乳石や石筍《せきじゅん》、
石柱などが連なる美しい洞窟内

自然遺産 文化遺産 複合遺産

アメリカ合衆国

86

ハワイ火山国立公園

登録名 Hawaii Volcanoes National Park

世界でもっとも地球の鼓動を感じる活火山地帯

ハワイ島南東部にあるハワイ火山国立公園は、キラウエア山とマウナロア山の、2つの活火山を有する自然公園。溶岩が造ったトンネル「サーストン・ラバ・チューブ」など、火山地帯特有の景観が広がっている。

標高1243メートルのキラウエア火山は、過去30年間に50回以上の噴火が観測されている、最も活発な活火山のひとつ。直径4・5キロ、深さ130メートルの世界最大のカルデラをもち、小さな爆発を繰り返すが、粘性が低いため危険性が少ない。

赤く燃えたぎる溶岩流が、海に流れ出る光景を間近で見られる

ココにも
注目！

現在、キラウエア火山で最も活発な地帯は、プウ・オオ火口。噴火で溶岩が道路を飲みこんでいる場所もある。

自然遺産 文化遺産 複合遺産

メキシコ

87

古代都市チチェン-イッツァ

登録名 Pre-Hispanic City of Chichen-Itza

天文学と緻密な算術を駆使したマヤ文明の遺跡

ユカタン半島の先端に位置する古代都市チチェン・イッツァは、マヤ文明の巨大な都市遺跡群。神殿や球戯場、天文台などの遺跡が残されており、最も代表的なものは、9層のピラミッド構造の神殿エル・カスティーヨだ。ピラミッドの階段は、一面91段。最上部の神殿を加えると365段となり、1年の暦を表している。階段の手すりには神ククルカン（羽毛のある蛇）の装飾が施され、春分・秋分の夕刻に蛇の影が浮かび上がる仕掛けに。

高さ24m、底辺55m。クククルカンを祀る神殿エル・カスティーヨ

ココにも注目！

神殿の内部には、いけにえの人間の心臓を置く、不気味な「チャック・モール像」などの遺跡が残されている。

自然遺産　文化遺産　複合遺産

メキシコ

88

古代都市テオティワカン

登録名 Pre-Hispanic City of Teotihuacan

紀元前200年から栄えたアメリカ最大の都市遺跡

メキシコ中部、標高2000メートルの高原に位置する古代都市、テオティワカン。紀元前2世紀～6世紀に栄えた、アメリカ大陸最大規模の都市遺跡だ。

南北5キロに及ぶ道「死者の大通り」を基点に、600基のピラミッドや宮殿などが整然と立ち並ぶ。なかでも「太陽のピラミッド」は、底辺225メートル、高さ63メートルと、世界で3番目に大きいピラミッド。高度な天文知識を用い、夏至の日には太陽の軌道が真正面に来るよう設計されている。

248の急階段で頂上に登ることができる「太陽のピラミッド」

世界遺産クイズ!

Q 世界で一番大きいピラミッドは、エジプトの「クフ王のピラミッド」。2番目に大きいピラミッドは?

A カフラー王のピラミッド（エジプト）

自然遺産 文化遺産 複合遺産

メキシコ

89

古代都市ウシュマル

登録名 Pre-Hispanic Town of Uxmal

ジャングルに忽《こつ》然《ぜん》と浮かぶ楕円形のピラミッド

ユカタン半島北部にある森に囲まれた古代都市、ウシュマル。7世紀に造られたマヤ文明を代表する遺跡であり、尼僧院、総監の館、大ピラミッドなどが点在。精巧な石のモザイク装飾「プウク様式」の傑作といわれる。

ひと際目立つのは、高さ38メートル、長径70メートルの楕円形をした希少なピラミッド「魔法使いのピラミッド」。一晩で造り上げたという伝説からついた名前とか。背面の急な階段両脇には、雨の神「チャック」の顔が並んでいる。

鬱蒼《うっそう》とした森に広がるウシュマル遺跡の「魔法使いのピラミッド」

Danger

注意することと

「魔法使いのピラミッド」にある118段の階段は、あまりにも急傾斜なので落ちる人が多く、現在は登頂禁止に。

自然遺産　文化遺産　複合遺産

グアテマラ

90

ティカル国立公園

登録名　Tikal National Park

1000年も密林に埋もれたマヤ文明最大最古の遺跡

グアテマラ北東部の深い樹海に広がる、ティカル国立公園。紀元前3~10世紀頃に繁栄したマヤ文明最大最古の都市遺跡であり、17世紀に密林に迷い込んだスペイン人神父によって、偶然発見された。

中心部の16平方メートルの範囲に、大小3000もの建造物が点在。高さ51メートルのピラミッド「大ジャガーの神殿」をはじめ、「仮面の神殿」「双頭の蛇神殿」などの神殿ピラミッド群、マヤ文字が刻まれた石碑や祭壇も残されている。

ココにも注目！

周辺の熱帯雨林も含めた貴重な複合遺産。映画『スター・ウォーズ エピソードⅣ 新たなる希望』の舞台でも知られる。

紀元700年前後に造られたという、高さ38m の2号神殿「仮面の神殿」

自然遺産　文化遺産　複合遺産

ペルー

91

マチュ・ピチュの歴史保護区

登録名　Historic Sanctuary of Machu Picchu

インカ帝国が残した断崖にそびえる幻の“空中都市”

　ペルー南部のアンデス山脈にそびえるマチュ・ピチュは、標高２４３０メートルの断崖に築かれた、インカ帝国の都市遺跡。15世紀に造られ、１９１１年にアメリカ人考古学者に発見されるまでは、密林に覆われていた。

　遺跡では、石組みの神殿や段々畑、墓地、井戸や排水溝、通路が巡らされた住居跡などが、そのままの状態で残されている。インカ帝国は文字をもたない文明であったため謎が多く、どのようにして何のために築かれたかは、現在もわかっていない。

ココにも注目！

インカ族は、文字の代わりに縄の結び目「キープ」を使って、数などを記録したり、情報を伝えていたという。

山の斜面を利用した段々畑や、花崗岩の石組みの壁が連なる

標高2720mのワイナ・ピチュから、マチュ・ピチュを一望できる

空中に浮かぶようなマチュ・ピチュ
遺跡。高い峰はワイナ・ピチュ

自然遺産　文化遺産　複合遺産

92　ペルー

ナスカとフマナ平原の地上絵

登録名 Lines and Geoglyphs of Nasca and Pampas de Jumana

制作目的はいまだ謎。大地に描かれた世界遺産

ペルー南部の乾燥地帯、ナスカとマフーナ平原には、紀元前２世紀～６世紀に描かれた巨大な地上絵が点在する。４５０平方キロの広大なエリアに、動物の絵が70、幾何学模様が７００以上。その全長も10～３００メートルと多様だ。

幅約30センチ、深さ10～30センチの溝を地表に掘って描かれている。この地域は年間降水量が10ミリ以下のため、絵が消えずに残った。天文図、雨乞い儀式、農耕儀礼など諸説あるが、制作目的はいまだ解明中だ。

ココにも注目！

地上絵は、宇宙飛行士（20m）、クモ（46m）、サル（55m）、コンドル（135m）などが有名。最大の動物はペリカン（285m）。

全長96m のハチドリの地上絵。セスナに乗って上空から見学する

自然遺産　文化遺産　複合遺産

ブラジル／アルゼンチン

93

イグアス国立公園

登録名　Iguaçu National Park

豪快な飛沫を浴びるダイナミックな275の滝！

ブラジルとアルゼンチンにまたがる、熱帯雨林に囲まれたイグアス国立公園。世界三大瀑布のひとつであるイグアスの滝には、大小275もの滝が集まり、豪快な水煙と轟音《ごうおん》を上げている。

全体の幅は2・7キロ、最大落差は80メートル。イグアスは現地の言葉で「大いなる水」の意味で、雨季には毎秒6万5000トンもの膨大な水量が落下する。ボートに乗って滝壺に突撃するアトラクションも人気だ。

長年の浸食作用で28キロ上流に移動したという、イグアスの滝

世界遺産クイズ！

Q 世界三大瀑布でありながら、世界遺産に唯一登録されていない大規模な滝は？

A ナイアガラの滝（カナダ／アメリカ）

自然遺産　文化遺産　複合遺産

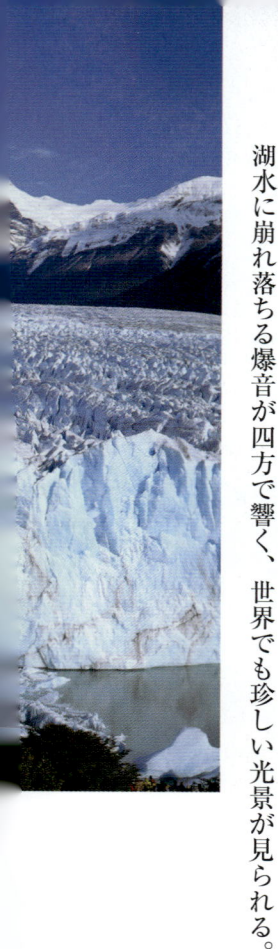

94

アルゼンチン

ロス・グラシアレス

登録名　Los Glaciares

青白く輝く氷河は豪快な〝崩落〟が美しい世界遺産

アルゼンチン南部、アンデス山脈の南端にあるロス・グラシアレス国立公園は、南極、グリーンランドに次ぎ、世界で3番目に大きな氷河地帯だ。

太平洋からの湿った空気がアンデス山脈にぶつかり、大量の雪が降り積もって生み出される。大小200以上の氷河があり、最も有名なのはペリト・モレノ氷河。全長35キロ、氷柱は大きいもので100メートルもある。氷河が湖水に崩れ落ちる爆音が四方で響く、世界でも珍しい光景が見られる。

広さ60万平方 m、高さ100m もの迫力ある「ペリト・モレノ氷河」

ココにも注目！

青く美しい氷河の色は、気泡が少ない透明度の高い氷河のため。青色のみを反射し、ほかの色を吸収して輝いているのだ。

自然遺産　文化遺産　複合遺産

チリ

95

ラパ・ヌイ国立公園

登録名 Rapa Nui National Park

孤島に整然と立ち並ぶ、ミステリアスな巨像モアイ

チリ本土から西へ約3700キロ。南太平洋上に浮かぶ孤島ラパ・ヌイ（イースター島）には、巨石で造られた887体ものモアイ像が、海を背に立つ。高さ5～10メートル、形も上半身だけや正座したものなどさまざま。制作は、推定10～16世紀。ポリネシア系の住民による、先祖崇拝と村の守り神だったとの有力説がある。16世紀には部族抗争で互いのモアイを倒し合う「フリ・モアイ」が起き、うつ伏せに倒れて放置されているものも多い。

凝灰石を削って造られたモアイ像が、島を見守るように立ち並ぶ

ココにも注目！

もともと目玉があったというモアイ。眼球は白珊瑚、瞳は赤凝灰石や赤珊瑚でできていたらしい。部族抗争でくり抜かれたという。

自然遺産　文化遺産　複合遺産

ベネズエラ

96

カナイマ国立公園

登録名　Canaima National Park

地球最後の秘境といわれる隔絶された最古の台地

ベネズエラ東部のギアナ高地に位置する、カナイマ国立公園。世界屈指の秘境であり、断崖絶壁の巨大なテーブルマウンテン（卓状台地）が、約100もそび え立っている。標高は2000メートル級。17億年前の先カンブリア紀の岩盤が、長年の雨風の浸食を受け、硬い地盤だけ台形状に残ったものだ。

アウヤンテプイ山には、世界最大の落差979メートルを誇る「アンヘルの滝」がある。長すぎる滝の水は、地上にたどり着く前に霧となって姿を消してしまう。

ココにも注目！

周囲から完全に隔絶されてきた頂上部は、恐竜時代の生き残りというカエル・オリオフリネラなど、固有動植物の宝庫。

落差世界一。滝壺をもたないアンヘルの滝（エンジェルフォール）

自然遺産 文化遺産 複合遺産

エクアドル

97

ガラパゴス諸島

登録名 Galápagos Islands

独自の進化をたどった希少な固有生物が息づく島

エクアドル本土から西へ約1000キロ、太平洋上に浮かぶガラパゴス諸島は、大小30の島々と岩礁からなっている。世界で最初に登録された自然遺産のひとつであり、周囲から隔絶された諸島では、島ごとに異なる独自の生態系が保たれてきた。

現存する世界最古の爬《は》虫《ちゅう》類《るい》であるガラパゴスゾウガメや、体長1メートルを越えるウミイグアナ、赤道直下で生息できるガラパゴスペンギンなど、動植物の大半が固有種。

外来種の持ち込みを防ぐ保全措置が強化されている。

海岸に生息し、海に潜って海草などを食べるウミイグアナ

世界遺産クイズ!

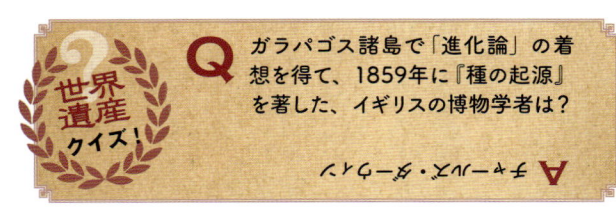

Q ガラパゴス諸島で「進化論」の着想を得て、1859年に『種の起源』を著した、イギリスの博物学者は?

A チャールズ・ダーウィン

自然遺産　文化遺産　複合遺産

アメリカ合衆国

98

パパハナウモクアケア

登録名　Papahānaumokuākea

希少な海洋生物が生息する世界最大の海洋保護区

ハワイ諸島北西、約２５０キロに位置するパパハナウモクアケアは、小さな島々と環礁群が１９３１キロも連なる、世界最大の海洋保護地域。ハワイ先住民は、ここに命が生まれ、魂が帰る場所と考えている。

広大な珊瑚礁や、かつて深海に沈んだ島など特徴的な地形が見られ、固有生物も多数。また、ニホア島とモクマナマナ島では、ヨーロッパ人の到来以前の住居や考古遺跡が見つかっており、複合遺産として登録された。

日本列島とほぼ同じ広さに、無数の島々が連なる海洋保護地域

ココにも注目！

絶滅危惧種のハワイモンクアザラシは、熱帯で暮らす珍しいアザラシ。希少なクロアシアホウドリや、アオウミガメも生息。

自然遺産　文化遺産　複合遺産

メキシコ

99

ティエラアデントロの王の道

登録名 Camino Real de Tierra Adentro

陸上交易の通路として利用された〝銀の道〟

「大地にある王の道」という意味をもつ、カミーノ・レアル・デ・ティエラアデントロ。この遺産は、メキシコシティからアメリカのテキサス、ニューメキシコへと２６００キロにわたって続く道路だ。そのうち、１４００キロの範囲に55の遺跡と、もともと登録される５つの世界遺産が点在する。サカテカス、ポトシなどの鉱山で採掘した銀や、ヨーロッパから輸入した水銀を輸送するため、16世紀から３００年にわたり交易として利用された。

銀を運ぶための交易路として栄えた、2600km もの道の世界遺産

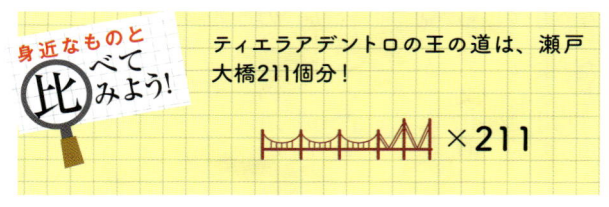

身近なものと比べてみよう!

ティエラアデントロの王の道は、瀬戸大橋211個分!

 ×211

自然遺産 文化遺産 複合遺産

メキシコ

100

オアハカ中部渓谷ヤグルとミトラの先史時代洞窟

登録名 Prehistoric Caves of Yagul and Mitla in the Central Valley of Oaxaca

農耕の始まりを示した岩絵が残る岩窟住居

メキシコのオアハカ州中部に位置する、スペイン征服以前の2つの遺跡群と、先史時代の洞窟、岩陰住居からなる文化遺産。岩陰住居には、遊牧や狩猟生活から農耕の定住生活へ移り変わった様子を表す、岩絵や考古学が残されている。

洞窟から発見された1万年前のウリ科の種は、北米大陸で見つかった最古の栽培植物の証拠だ。ヤグルとミトラの先史時代の洞窟からなる文化的景観は、のちのメソアメリカ文明を生み出すベースになったといえる。

狩猟・採集生活から定住農耕への生活パターンの変化を物語る遺跡群

ココにも
注目！

洞窟からは、トウモロコシの断片も見つかっており、トウモロコシ栽培の記録されている最も古い資料となっている。

自然遺産 文化遺産 複合遺産

ブラジル

101

サンクリストヴォンの町のサンフランシスコ広場

登録名 São Francisco Square in the Town of São Cristóvão

広場を取り囲む、街の歴史を映した宗教建築群

ブラジルの北東部にあるサンクリストヴォンは、ブラジルで4番目に古い街。政治や宗教の中心となる山の手と、港や工場がある下町からなっている。

街の中心地でもあるサンフランシスコ広場では、17世紀に建てられたミゼルコルディア教会や、バロック様式のサンフランシスコ教会、18世紀建造の聖母ビクトリア教会、地方庁舎など、さまざまな史跡が取り囲む。18～19世紀に建てられた周囲の住宅とともに、歴史的な都市景観を形づくっている。

ブラジルで18件目の世界遺産となった、サンフランシスコ広場

世界遺産クイズ!

Q 南北アメリカ大陸の中で唯一、ブラジルでしか使われない公用語は何語?

A ポルトガル語

LONELY PLANET IMAGES／アフロ（P111、P249）
宮崎洋一郎／アフロ（P117）
早川義敏／アフロ（P121）
JOHN WABURTON-LEE／アフロ（P123）
HEMIS／アフロ（P125）
中島太郎／アフロ（P137、P143、P177）
山梨勝弘／アフロ（P141）
節政博親／アフロ（P148-149）
FIRST LIGHT ASSOCIATED PHOTOGRAPHERS,INC.／アフロ（P155）
ウエストサイド／アフロ（P159、P197）
ESTOCK PHOTO,LLC.／アフロ（P161）
伊東町子／アフロ（P163）
高橋暁子／アフロ（P169、P199）
三枝輝雄／アフロ（P174-175、P179、P235、P237、P239）
JOSE FUSTE RAGA／アフロ（P185）
佐山哲男／アフロ（P189）
河口信雄／アフロ（P195）
PhotoXPress Agency／アフロ（P201）
竹内裕信／アフロ（P205）
山本つねお／アフロ（P211）
ALAMY／アフロ（P217、P223、P241、P245、P251）
PACIFIC STOCK／アフロ（P219）
小峯昇／アフロ（P227）
PHOTOLIBRARY／アフロ（P247）

〔**写真提供**〕

塩田和弥／アフロ（P20）

田中正秋／アフロ（P22）

和田哲男／アフロ（P24）

阿部宗雄／アフロ（P28-29）

大沢斉／アフロ（P31）

田中秀明／アフロ（P34-35、P145）

藤井一広／アフロ（P37）

中村吉夫／アフロ（P39）

富井義夫／アフロ（P41、P51、P55、P57、P59、P61、P67、P69、P90-91、P97、P102-103、P113、P135、P139、P157、P165、P182-183、P225、P230-231、P243）

保屋野参／アフロ（P43、P127、P187）

吉田則之／アフロ（P46-47、P221）

山本忠男／アフロ（P49、P63、P119、P193、P208-209、P214-215）

ROBERT HARDING／アフロ（P53、P75、P115、P151）

石原正雄／アフロ（P65、P223）

鈴木革／アフロ（P71、P167）

AISA MEDIA,S.L.／アフロ（P73）

TOPIC PHOTO AGENCY／アフロ（P77、P97）

AGE FOTOSTOCK SPAIN, S.L.／アフロ（P79、P131）

片平孝／アフロ（P83、P105）

SIME／アフロ（P85、P93、P153、P171）

PRISMA BILDAGENTUR AG／アフロ（P87、P129、P191）

松本博行／アフロ（P107）

ARABIANEYE FZ LLC／アフロ（P109）

参考文献

「いつか絶対行きたい世界遺産ベスト１００」小林克己著（三笠書房）

「魅惑の世界遺産１１０選」平山和充著（秀和システム）

「感動の世界遺産ベストセレクション１２０」（学研パブリッシング）

「世界遺産　迷宮の地図帳」歴史の謎研究会編（青春出版社）

「はじめて学ぶ世界遺産１００」世界遺産検定事務局著／ＮＰＯ法人　世界遺産アカデミー監修（毎日コミュニケーションズ）

「世界遺産検定公式ガイド３００」世界遺産検定事務局著／ＮＰＯ法人　世界遺産アカデミー監修（毎日コミュニケーションズ）

「世界遺産年報２０１１」社団法人日本ユネスコ協会連盟編（東京書籍）